annales
corrigées

Mathématiques
Bac STG

Daniel Pompon
Professeur certifié de mathématiques

Sommaire

Les sujets corrigés

Sujet 1

Sujet national, options mercatique, CFE *et* GSI, *exercice 3, juin 2008*

Une entreprise ne peut être créée en France que selon deux formes juridiques, à savoir soit sous la forme d'une société, soit sous la forme d'une entreprise individuelle.

Le tableau ci-après rend compte, selon la forme juridique choisie, de la création d'entreprises en France lors des années 2000 à 2006.

Année	2000	2001	2002	2003	2004	2005	2006
Pourcentage d'entreprises créées sous la forme d'une société	39,3	40,1	40,7	41,9	44,4	45,6	47,1
Pourcentage d'entreprises créées sous la forme d'une entreprise individuelle	60,7	59,9	59,3	58,1	55,6	54,4	52,9
Nombre total d'entreprises créées	270 043	268 619	268 459	291 986	318 757	316 534	321 938

Source INSEE, répertoire des entreprises et des établissements (Sirene).

1. Déterminer le nombre d'entreprises créées sous la forme d'une société en 2001.

2. On construit le tableau ci-après des indices du nombre total d'entreprises en prenant pour indice de référence 100 en 2000.

Année	Nombre total d'entreprises créées	Indice
2000	270 043	100
2001	268 619	
2002	268 459	99,41
2003	291 986	108,13
2004	318 757	118,04
2005	316 534	
2006	321 938	119,22

a) Déterminer l'indice arrondi au centième pour l'année 2001.

b) Déterminer l'indice arrondi au centième pour l'année 2005.

3. Déterminer le taux d'évolution moyen annuel de création d'entreprises de 2000 à 2006.

Corrigé

1. $\dfrac{268\,619 \times 40{,}1}{100} = 107\,716$ (à l'unité près).

107 716 entreprises ont donc été créées sous forme d'une société en 2001.

2. a) On applique la formule $I_{2001/2000} = \dfrac{V_{2001}}{V_{2000}} \times 100$.

Soit $I_{2001/2000} = \dfrac{268\,619}{270\,043} \times 100 = 99{,}47$ (au centième près).

b) De même $I_{2005/2000} = \dfrac{316\,534}{270\,043} \times 100 = 117{,}22$ (au centième près).

3. 119,22 – 100 = 19,22.

De 2000 à 2006, le taux d'évolution global est de 19,22 %.

Soit t le taux d'évolution annuel moyen, alors :

$(1 + t)^6 = 1{,}192\,2$

$1 + t = 1{,}1922\,2^{\frac{1}{6}}$

$1 + t \approx 1{,}029\,7$

$t \approx 0{,}029\,7$.

Le taux d'évolution annuel moyen est de 2,97 %.

Sujet 2

Sujet national, option CGRH, *exercice 2, septembre 2008*

Le tableau ci-dessous donne l'évolution des ventes d'appareils de chauffage au bois dans l'habitat individuel en France entre 2001 et 2005.

Année	**Rang x_i**	**Nombre d'appareils de chauffage au bois vendus en milliers y_i**
2001	1	273
2002	2	292
2003	3	337
2004	4	360
2005	5	430

D'après le dossier de presse ADEME « L'éolien, une énergie en plein essor », novembre 2006.

Partie A

1. Quel était le nombre d'appareils de chauffage au bois vendus en France en 2000 sachant qu'il a augmenté de 5 % entre 2000 et 2001 ?

2. On construit un tableau d'indices en prenant comme base 100 l'année 2001.

a) Compléter l'extrait de feuille de calcul ci-dessous. On donnera des valeurs décimales arrondies au dixième.

	A	**B**	**C**	**D**	**E**	**F**
1	Année	2001	2002	2003	2004	2005
2	Nombre d'appareils de chauffage au bois vendus	273	292	337	360	430
3	Indices	100				157,5

b) Quelle formule, à recopier sur la plage D3:F3, peut-on saisir dans la cellule C3 ?

3. Déterminer le taux d'évolution du nombre d'appareils de chauffage au bois vendus entre les années 2001 et 2005.

4. Calculer le taux d'évolution annuel moyen du nombre d'appareils de chauffage au bois entre 2001 et 2005.

Partie B

Dans cette partie, toute trace de recherche, même incomplète, on d'initiative même non fructueuse, sera prise en compte dans l'évaluation.

On considère le tableau précédent. Le nuage de points de coordonnées $(x_i\ ;\ y_i)$ est donné ci-dessous.

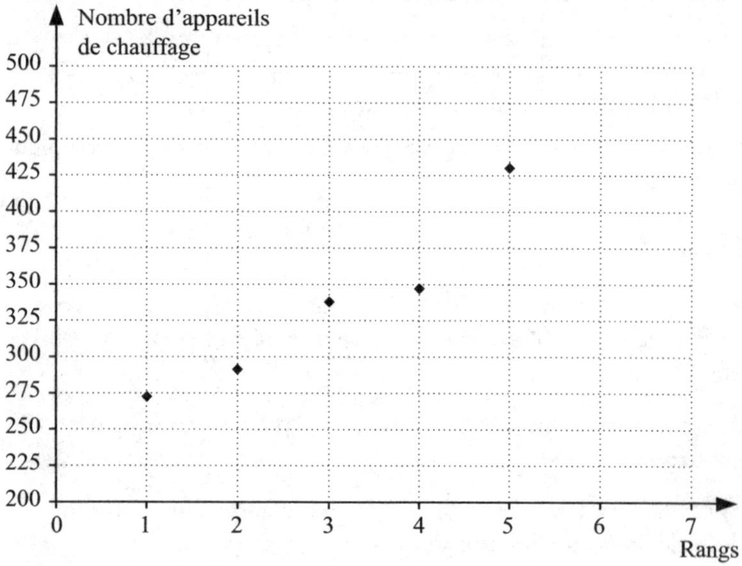

On souhaite réaliser un ajustement affine.

1. Déterminer, à l'aide de la calculatrice, une équation de la droite D d'ajustement obtenue par la méthode des moindres carrés. Les coefficients seront donnés à 0,1 près.

2. À partir des calculs ci-dessus, on décide de réaliser un ajustement affine à l'aide de la droite D d'équation $y = 38x + 224$. Tracer la droite D sur le graphique.

3. En supposant que ce modèle reste valable pour 2006 et 2007, prévoir le nombre d'appareils chauffage au bois vendus pour 2007. Justifier la réponse.

Corrigé

Partie A

1. Le coefficient correspondant à une augmentation de 5 % est :

$1 + \frac{5}{100} = 1,05.$

$\frac{273}{1,05} = 260.$

260 appareils de chauffage ont été vendus en 2000.

2. a) On complète la ligne des indices :

	A	B	C	D	E	F
1	Année	2001	2002	2003	2004	2005
2	Nombres d'appareils vendus	273	292	337	360	430
3	Indices	100	$\frac{292}{273} \times 100 \approx 107,0$	123,4	131,9	157,5

b) En C3, on écrit : =C2/$B$2*100.

3. Le taux d'évolution entre les années 2001 et 2005 est :

157,5 – 100 = 57,5 %.

Soit une hausse de 57,5 %.

4. Soit t le taux moyen annuel pour les quatre années.

On a :

$(1+t)^4 = 1{,}575$

$(1+t)^{4\times\frac{1}{4}} = 1{,}575^{\frac{1}{4}}$

$1+t \approx 1{,}1203$

$t \approx 0{,}1203$. Soit une augmentation annuelle moyenne de 12,03 %.

Partie B

1. Sur la calculatrice, on place en Liste 1 les valeurs de x_{i} et en Liste 2 les valeurs y_{i}.

En sélectionnant Linreg(ax+b), on obtient :

$y = 38{,}2x + 223{,}8$.

2. Tableau de valeurs :

x	0	6
$38x + 224$	224	452

Graphique :

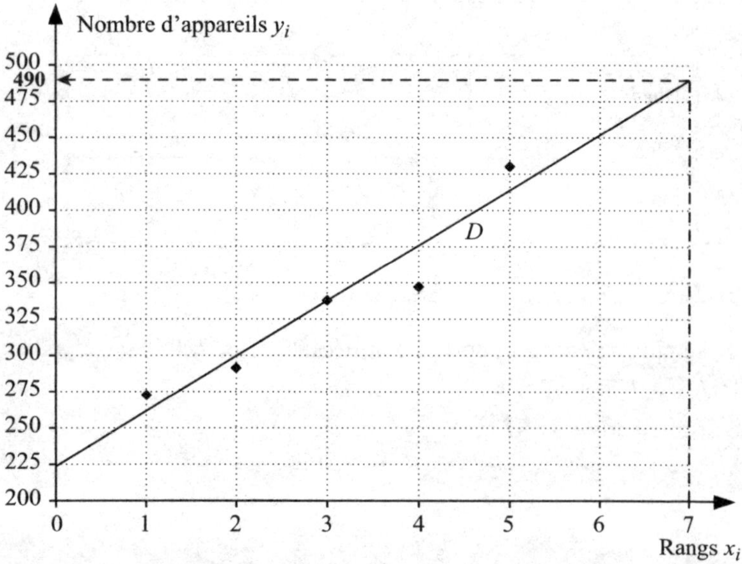

3. L'année 2007 a le rang 7. En utilisant l'ajustement affine on a :

$y = 38 \times 7 + 224$

$y = 490$.

(On lit aussi cette valeur sur le graphique, avec moins de précision.)

En 2007 on peut prévoir la vente de 490 appareils de chauffage au bois.

Sujet 3

Antilles, options mercatique, CFE *et* GSI, *exercice 1, septembre 2008*

Cet exercice est un questionnaire à choix multiples (QCM).
Pour chaque question, trois réponses sont proposées parmi lesquelles une seule est correcte. On vous demande de recopier sur votre copie celle que vous pensez correcte. Aucune justification n'est demandée. Chaque bonne réponse rapporte un point, chaque réponse fausse retire 0,5 point, une question sans réponse ne rapporte ni n'enlève aucun point. Si le total est négatif, la note attribuée à l'exercice est ramenée à zéro.

1. On place un capital de 100 € à 3,8 % par an à intérêts composés.

Pour tout entier naturel n, on note D_n le capital obtenu au bout de n années. On a donc $D_0 = 100$.

La suite (D_n) ainsi obtenue est :

☐ arithmétique de raison 1,038.

☐ géométrique de raison 1,038.

☐ géométrique de raison 3,8.

2. Le prix de l'immobilier dans une ville a augmenté de 22 % en un an. Le taux d'évolution mensuel moyen équivalent, arrondi à 0,001 % est de :

☐ 1,833 %

☐ 1,017 %

☐ 1,671 %

3. Pour tout nombre réel x strictement positif, la fonction f définie par $f(x) = x^2 - \ln x$ admet pour fonction dérivée la fonction f' définie par :

☐ $f'(x) = \dfrac{2x^2 - 1}{x}$

☐ $f'(x) = \dfrac{2x - 1}{x}$

☐ $f'(x) = x^2 - \dfrac{1}{x}$

4. On tire au hasard une carte dans un jeu de 32 cartes. Sachant que la carte tirée est un cœur, la probabilité que ce soit un roi est :

☐ $\frac{1}{2}$

☐ $\frac{1}{4}$

☐ $\frac{1}{8}$

Corrigé

1. Bonne réponse : géométrique de raison 1,038.

$D_{n+1} = D_n \times \left(1 + \frac{3{,}8}{100}\right)$

$D_{n+1} = D_n \times 1{,}038.$

On passe d'un terme au suivant en multipliant par le même facteur 1,038, la suite (D_n) est donc géométrique.

2. Bonne réponse : 1,671 %.

Si t est le taux moyen mensuel alors :

$(1+t)^{12} = 1 + \frac{22}{100} = 1{,}22$

$(1+t)^{12\times\frac{1}{12}} = 1{,}22^{\frac{1}{12}}.$

$1 + t \approx 1{,}016\,71$

$t \approx 0{,}016\,71$, soit 1,671 %.

3. Bonne réponse : $f'(x) = \frac{2x^2 - 1}{x}$.

La fonction f est dérivable pour $x > 0$ et :

$f'(x) = 2x - \frac{1}{x} = \frac{2x^2}{x} - \frac{1}{x} = \frac{2x^2 - 1}{x}.$

4. Bonne réponse : $\frac{1}{8}$.

Soient les événements :

C : « La carte tirée est un cœur » ;

R : « La carte tirée est un roi ».

On applique alors la formule des probabilités conditionnelles :

$$p_C(R) = \frac{p(R \cap C)}{p(C)} = \frac{\frac{1}{32}}{\frac{1}{4}} = \frac{1}{32} \times \frac{4}{1} = \frac{4}{32} = \frac{1}{8}.$$

Sujet 4

Sujet national, option CGRH, *exercice 1, juin 2009*

Cet exercice est un questionnaire à choix multiples (QCM).

Pour chaque question, trois réponses sont proposées, une seule réponse est correcte. Aucune justification n'est demandée.

Chaque bonne réponse rapporte 1 point. Une réponse incorrecte ou une question sans réponse n'apporte ni ne retire aucun point.

1. Dans une usine, la production d'un produit a augmenté de 250 %. Elle a donc été multipliée par :

☐ 2,5

☒ 3,5

☐ 250

2. Le prix d'un article a augmenté de 12 % en 3 ans. Le taux d'évolution annuel moyen, en pourcentage, arrondi à 0,1 % près est alors de :

☐ 3,8 %

☐ 5,8 %

☐ 4 %

3. En appliquant une réduction de 5 %, un article coûte 1 140 €, son prix avant réduction était de :

☐ 1 200 €

☒ 1 197 €

☐ 1 140,5 €

4. Le nombre de membres d'une association est passé de 1 150 en 2006 à 1 221 en 2007 puis à 1 503 en 2008. En prenant pour indice de référence 100 en 2006, l'indice, arrondi au centième pour l'année 2008 est :

☐ 123,10

☐ 1,31

☒ 130,70

Corrigé

1. Bonne réponse : 3,5

Si x est la production initiale et y la production finale, alors :

$$y = x \times (1 + \frac{250}{100})$$

$$y = x \times 3{,}5.$$

2. Bonne réponse : 3,8 %

Si t est le taux d'évolution annuel moyen alors :

$$(1+t)^3 = 1 + \frac{12}{100}$$

$$(1+t)^{\,3} = 1{,}12$$

$$1 + t = 1{,}12^{\frac{1}{3}}$$

$$1 + t = 1{,}038\,4...$$

$$1 + t \approx 1{,}038$$

$t \approx 0{,}038$, soit 3,8 %.

3. Bonne réponse : 1 200 €.

$$\frac{1\,140}{1 - \frac{5}{100}} = 1\,200 \text{ €}.$$

Le prix avant réduction était donc de 1 200 euros.

4. Bonne réponse : 130,70

Nombre de membres	1 150	1 503
Indice	100	$I_{2008/2006}$

$$I_{2008/2006} = \frac{1\,503 \times 100}{1\,150} = 130{,}70.$$

Sujet 5

Sujet national, option CGRH, exercice 3, juin 2008

Cet exercice est un questionnaire à choix multiples (QCM). Dans cet exercice, pour chaque question, trois réponses sont proposées, une seule réponse est correcte : cocher la bonne réponse. Aucune justification n'est demandée. Chaque bonne réponse rapporte 1 point, une réponse incorrecte ou une question sans réponse n'apporte ni ne retire aucun point.

Sébastien Pignol est un jeune chef d'entreprise qui a créé son entreprise en 2002. Il désire mettre sur une feuille de tableur les résultats de sa petite société afin de pouvoir les modéliser. Pour cela, il va faire appel à ses souvenirs d'élève et d'étudiant et va devoir remplir la feuille proposée ci-après.

	A	B	C	D	E	F	G	H	I	J	K	L
1		Modélisation du chiffre d'affaires de l'entreprise Sébastien PIGNOL										
2		*a*=			*b*=							
3		Année	2002	2003	2004	2005	2006	2007	2008	2009	2010	
4		Ancienneté	1	2								
5		Chiffre d'affaires	1250	1400	1480	1600	1720	1800				
6		Modèle 1	1268									
7		Modèle 2						1800				

Le tableau ci-après donne le chiffre d'exploitation, en milliers d'euros, de son entreprise en fonction de l'année. Il reprend les lignes 3 et 5 de la feuille de calcul ci-dessus.

Année	2002	2003	2004	2005	2006	2007
Chiffre d'affaires	1 250	1 400	1 480	1 600	1 720	1 800

1. Il compte dans un premier temps créer une nouvelle variable appelée ancienneté correspondant à la durée de vie de son entreprise : 2002 est la 1re année et ainsi de suite. Quelle formule doit-il saisir en D4 et recopier sur la ligne 4 pour obtenir l'ancienneté de son entreprise?

☐ =D3−2001

☐ =$D$3−2001

☐ =D3+2001

2. Il désire calculer la droite de régression $y = ax + b$ donnant le chiffre d'affaires y en fonction de l'ancienneté x. Avec un arrondi des coefficients à l'unité, quelle est l'équation correcte?

☐ $y = 109x + 1\ 159$

☐ $y = 1\ 268x + 1\ 159$

☐ $y = 109x + 1\ 250$

3. Sébastien Pignol place alors les coefficients obtenus a et b de la droite de régression respectivement en C2 et F2. Il désire calculer le chiffre d'affaires estimé à l'aide de la droite de régression obtenue à la deuxième question. Quelle formule doit-il saisir en C6 et recopier sur la ligne 6?

☐ =C2*C4+F2

☐ =$C$2*C4+$F$2

☐ =$C$2*$C$4+$F$2

4. La ligne 6 appelée modèle 1 correspond à la droite de régression linéaire. Pour obtenir la valeur du chiffre d'affaires modélisé en 2010, sur quelle plage doit-il recopier la formule saisie en C6?

☐ D6:K6

☐ C6:K6

☐ I6:K6

5. Sébastien Pignol se rend compte que la modélisation avec la droite de régression ne lui permet pas d'obtenir le chiffre d'affaires de 2 500 milliers d'euros souhaité pour 2010. Il décide alors d'appliquer, à partir de 2007, un deuxième modèle, dans la ligne 7, donné par une suite arithmétique de raison 250 et de premier terme 1 800, correspondant au chiffre d'affaires de 2007. Quel chiffre d'affaires obtiendra-t-il avec ce modèle en 2010?

☐ 2 300 milliers d'euros

☐ 2 550 milliers d'euros

☐ 2 800 milliers d'euros

6. Il saisit en I7 la formule « =H7+250 » et la recopie sur J7:K7 pour obtenir le chiffre d'affaires en 2010. En se plaçant dans la cellule K7, quelle formule a-t-il saisie ?

☐ =J7+250

☐ =K7+250

☐ =I7+250

Corrigé

1. Bonne réponse : **=D3−2001**.

Pour obtenir 2 en D4 on a effectué 2003 − 2001 = 2.

Il ne faut pas utiliser de dollars $, car en copiant vers la droite D3 doit devenir E3, F3, etc.

En D4, il faut saisir la formule : = D3 − 2001.

2. Bonne réponse : y **= 109**x **+ 1 159**.

Sur la calculatrice, on entre en « Liste 1 » le nombre d'années d'ancienneté et en « Liste 2 » le chiffre d'affaires correspondant.

On applique ensuite la fonction « Linreg » au tableau obtenu.

On lit alors, en arrondissant à l'unité :

$a = 109$ et $b = 1\,159$.

D'où l'équation de la droite de régression :

$y = 109x + 1\,159$.

3. Bonne réponse : = **$C$2*C4+$F$2**.

Il faut bloquer les cellules C2 et F2 car les coefficients de la droite de régression sont fixes et laisser évoluer C4 en copiant vers la droite.

En C6, il doit saisir la formule : =$C$2*C4+$F$2.

4. Bonne réponse : **D6:K6**.

La formule étant notée en C6, il faut la copier vers la droite à partir de la case suivante, c'est-à-dire D6. Et jusqu'en K6, la case la plus à droite de la colonne 6.

5. Bonne réponse : **2 550 milliers d'euros**.

Comme la suite est arithmétique, il faut ajouter la raison pour passer d'un terme au terme suivant.

2010 – 2007 = 3. Il faut donc ajouter 3 fois la raison.

$1\,800 + 250 \times 3 = 2\,550$ milliers d' €.

Par le second modèle, le chiffre d'affaires en 2010 serait de 2 550 milliers d'euros.

6. Bonne réponse : **=J7+250**.

Pour obtenir la valeur de la cellule K7, il faut ajouter 250 à la cellule précédente, soit J7.

Sujet 6

Polynésie, option CGRH, exercice 3, septembre 2008

Anne et Bastien comparent les étrennes qu'ils reçoivent chaque année. En 2000, Anne a reçu 80 € et Bastien 100 €.

Chaque année, les étrennes d'Anne augmentent de 6 € et celles de Bastien de 3 %.

Pour tout entier n, on note U_n et V_n les étrennes reçues par Anne et Bastien l'année 2000 + n.

On a donc $U_0 = 80$ et $V_0 = 100$.

1. a) Calculer les étrennes qu'ont reçues Anne et Bastien en 2001, puis en 2002.

b) Donner la nature de la suite (U_n). Justifier.

En déduire U_n en fonction de n.

c) Donner la nature de la suite (V_n). Justifier.

En déduire V_n en fonction de n.

d) À l'aide de la calculatrice, déterminer en quelle année Anne reçoit pour la première fois davantage que Bastien.

2. On note S_n et T_n la somme des étrennes reçues par Anne et Bastien de l'année 2000 jusqu'à l'année 2000 + n.

On a donc :

$S_n = U_0 + U_1 + \ldots + U_n$ et $T_n = V_0 + V_1 + \ldots + V_n$.

Calculer S_{15} et T_{15}.

Formulaire

La somme S des $n + 1$ premiers termes d'une suite arithmétique (u_n) est donnée par :

$$S = u_0 + u_1 + \ldots + u_n = (n+1) \times \frac{u_0 + u_n}{2}.$$

La somme T des $n + 1$ premiers termes d'une suite géométrique (u_n) de raison $q \neq 1$ est donnée par :

$$S = u_0 + u_1 + \ldots + u_n = u_0 \times \frac{1 - q^{n+1}}{1 - q}.$$

3. On donne ci-dessous l'extrait d'une feuille de calcul réalisée à l'aide d'un tableur :

	A	B	C	D	E	F
1	n	Année	U_n	V_n	S_n	T_n
2	0	2000	80	100	80	100
3	1	2001				
4	2	2002				
5	3	2003				
⋮	⋮	⋮	⋮	⋮	⋮	⋮
⋮	⋮	⋮	⋮	⋮	⋮	⋮
17	15	2015				

a) Quelle formule, à recopier sur la plage C4:C17, peut-on entrer dans la cellule C3 ?

b) Quelle formule, à recopier sur la plage D4:D17, peut-on entrer dans la cellule D3 ?

c) Quelle formule, à recopier sur la plage E4:E17, peut-on entrer dans la cellule E3 ?

Corrigé

1. a) Étrennes d'Anne :
en 2001, $U_1 = 80 + 6 = 86$, soit 86 € ;
en 2002, $U_2 = 86 + 6 = 92$, soit 92 €.
Étrennes de Bastien :
en 2001, $V_1 = 100 \times \left(1 + \frac{3}{100}\right) = 100 \times 1{,}03 = 103$,
soit 103 € ;
en 2002, $V_2 = 103 \times 1{,}03 = 106{,}09$, soit 106,09 €.

b) (U_n) est une suite arithmétique car on passe d'un terme au suivant en ajoutant toujours le même nombre 6.
D'où $U_n = 80 + 6 \times n$.

c) (V_n) est une suite géométrique car on passe d'un terme au suivant en multipliant par le même facteur 1,03.
D'où $V_n = 100 \times 1{,}03^n$.

d) En utilisant la table de la calculatrice on obtient :

n	$\mathbf{80 + 6 \times n}$	$\mathbf{100 \times 1{,}03^n}$
7	122	122,99
8	128	126,68

C'est donc à partir de 2008 qu'Anne reçoit davantage que Bastien.

2. Calcul de S_{15} :
$U_{15} = 80 + 6 \times 15 = 170$
$$S_{15} = 16 \times \frac{80 + 170}{2}$$
$S_{15} = 2\,000$, soit 2 000 €.
Calcul de T_{15} :
$$T_{15} = 100 \times \frac{1 - 1{,}03^{16}}{1 - 1{,}03}$$
$T_{15} \approx 2\,015{,}69$, soit 2 015,69 €.

3. a) En C3 on écrit = C2+6.

b) En D3 on écrit = D2*1,03.

c) En E3 on écrit = E2+C3.

Sujet 7

Sujet national, options mercatique, CFE *et* GSI, *exercice 3, septembre 2008*

Les rations journalières conseillées sur des sacs de croquettes pour chien des marques Topdog et Friskas sont données ci-dessous.

Poids du chien x_i (kg)	5	10	15	30	40	60
Ration journalière conseillée y_i (g)	50	90	120	200	250	340

Les parties A et B sont indépendantes.

Partie A

1. Déterminer s'il y a proportionnalité entre le poids du chien et la ration journalière conseillée. Justifier.

2. Le chien de Julie pèse 26 kg. Julie souhaite calculer la ration journalière conseillée.

Une représentation graphique du nuage de points $(x_i\,;\,y_i)$ est donnée ci-dessous.

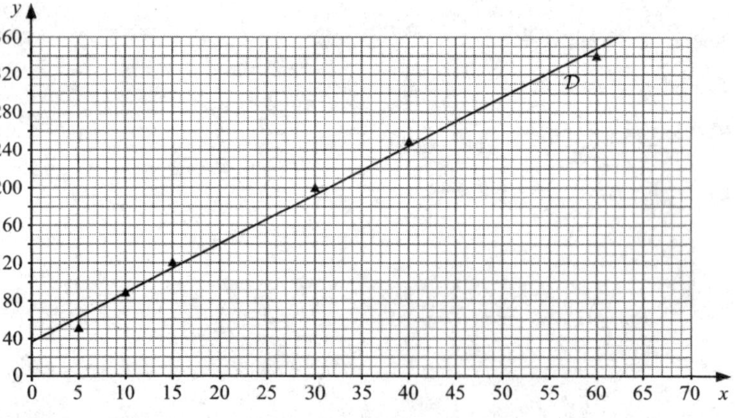

Julie a obtenu par la méthode des moindres carrés la droite $\mathcal{D}$ d'ajustement de y en x, et l'a tracée. Déterminer la ration journalière conseillée pour le chien de Julie.

Partie B

Formulaire

Suite arithmétique (u_n) de raison r, de premier terme u_1 :

$u_{n+1} = u_n + r$;

$$u_1 + u_2 + \ldots + u_n = nu_1 + \frac{n(n-1)r}{2}.$$

Suite géométrique (u_n) de raison q, de premier terme u_1 :

$u_{n+1} = q\,u_n$

$$u_1 + u_2 + \ldots + u_n = u_1 \frac{q^n - 1}{q - 1}.$$

	A	B	C	D	E
1	Jour	Premier programme Quantité de croquettes Friskas (g)	Premier programme Quantité de croquettes Topdog (g)	Second programme Quantité de croquettes Friskas (g)	Second programme Quantité de croquettes Topdog (g)
2	1	20	180	20	180
3	2	35	165	24	176
4	3	50	...	29	...
5	4	65	...	35	...
6	5	80	...	41	...
7	6	95	...	50	...
8	7	110	...	60	...
9	8	125	...	72	...
10	9	140	...	86	...
11	10	155	...	103	...
12	11	170	...	124	...
13	12	185	...	149	...
14	13	200	0	178	22
15	14			200	0
16	15			200	0

Indication de lecture : 165, le contenu de la cellule C3, est la quantité, en grammes, de croquettes Topdog présente dans la ration du second jour de transition dans le cas du premier programme d'alimentation.

Le chien d'Arthur pèse 30 kg et mange des croquettes Topdog.

Arthur décide de changer pour la marque Friskas. Mais la transition doit être progressive.

Arthur suit les recommandations des deux marques et donne à son chien une ration journalière de 200 g.

Arthur choisit de donner le premier jour 20 g de croquettes Friskas, et le reste de la ration, soit 180 g, en croquettes Topdog ; puis il étudie deux programmes d'alimentation :

- premier programme : augmenter la part de croquettes Friskas de 15 g par jour ;
- second programme : augmenter chaque jour de 20 % la part de croquettes Friskas présente dans la ration.

Dans les deux cas, la ration quotidienne reste au total à 200 g.

Arthur utilise un tableur pour étudier les deux programmes d'alimentation de son chien. La feuille de calcul est donnée ci-dessus. Le format d'affichage est un format numérique à 0 décimale.

1. Premier programme

a) Donner une formule qui, entrée dans la cellule B3, permet par recopie vers le bas d'obtenir la plage de cellules B3:B14.

b) Donner une formule qui, entrée dans la cellule C2, permet par recopie vers le bas d'obtenir la plage de cellules C2:C14.

c) Calculer la quantité totale de croquettes Topdog que doit prévoir Arthur dans ce premier programme d'alimentation durant la période de transition.

2. Second programme

a) Une formule entrée dans la cellule D3 a permis d'obtenir la plage de cellules D3:D16 par recopie vers le bas. Cette formule permet de limiter la ration de croquettes Friskas à 200 g.

Recopier la seule des trois formules ci-dessous qui peut convenir.

$= \mathrm{D2} * 1{,}20$

$= \mathrm{SI(D2} * 1{,}20 > 200; 200; \mathrm{D2} * 1{,}20)$

$= \$\mathrm{D}\$2 * 1{,}2\hat{}\mathrm{A2}$

b) Soit u la suite géométrique de premier terme $u_1 = 20$ et de raison 1,2. Calculer la somme des treize premiers termes $u_1 + u_2 + \ldots + u_{13}$.

c) Montrer que la quantité totale de croquettes Topdog utilisées pendant la période de transition dans le second programme est à l'unité près égale à 1 630 g.

3. *Dans cette question, toute trace de recherche, même incomplète, ou d'initiative même non fructueuse, sera prise en compte dans l'évaluation.*

Avant la période de transition, il reste à Arthur un sac de 2 kg de croquettes Topdog. Il souhaite en utiliser le plus possible durant la période de transition entre les deux marques de croquettes.

Lequel des deux programmes d'alimentation Arthur choisira-t-il ? Justifier.

Corrigé

Partie A

1. On a : $\dfrac{50}{5} = 10$ et $\dfrac{90}{10} = 9$.

La ration journalière n'est donc pas proportionnelle au poids du chien.

2. Sur la calculatrice on écrit en Liste 1 le poids du chien et en Liste 2 la ration journalière. En appliquant la fonction Linreg($ax + b$), on obtient :

$y = 5{,}20x + 36{,}37$.

Soit, pour $x = 26$:

$y = 5{,}2 \times 26 + 36{,}37$

$y = 171{,}57$ g.

La ration journalière du chien de Julie serait de 172 g, au gramme près.

Sur la représentation graphique, on vérifie que le point (26 ; 172) est un point de la droite d'ajustement.

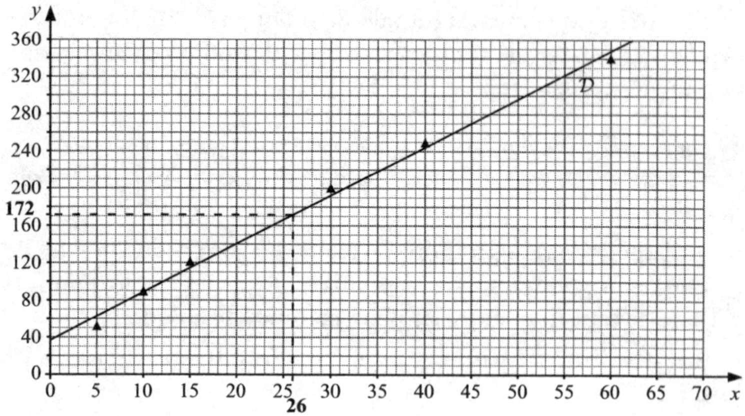

Partie B

1. Premier programme

a) On écrit en B3 la formule : = B2+15.

b) On écrit en C2 la formule : = 200−B2.

c) On doit calculer la somme des termes d'une suite arithmétique de premier terme 180 et de raison −15. Soit :

$$S_1 = \frac{180 + 0}{2} \times 13$$

S_1 = 1 170 g ou 1,17 kg.

2. Second programme

a) C'est la seconde formule qui convient car la consommation de Friskas ne peut dépasser 200 g.

b) On a : $S_2 = 20 \times \dfrac{1 - 1{,}2^{13}}{1 - 1{,}2} \approx 970$ g.

c) On a : $200 \times 13 = 2\,600$ g et $2\,600 - 970 = 1\,630$ g.

La consommation de Topdog est donc de 1 630 g à l'unité près.

3. On calcule la quantité restante de croquettes Topdog après chaque programme.

Le premier programme donne : 2 000 − 1 170 = 830 g.

Le deuxième programme donne : 2 000 − 1 630 = 370 g.

Le second programme est préférable, car après la période de transition, la quantité de croquettes Topdog restante est la plus faible.

Sujet 8

Sujet national, options mercatique, CFE *et* GSI, *exercice 3, juin 2009*

Disposant d'un capital de 10 000 euros, un investisseur étudie les offres de deux banques différentes. La banque B propose un placement à intérêts composés au taux annuel de 3,5 %. La banque C propose un placement à intérêts composés au taux annuel de 2 % du capital. Les intérêts obtenus sont augmentés d'une prime annuelle de 170 euros intégrée au capital. Ainsi, les intérêts et la prime produisent des intérêts pour l'année suivante.

Partie A. Construction d'une feuille de calcul

Afin de déterminer l'offre la plus intéressante, cet investisseur construit une feuille de calcul dont une copie partielle se trouve ci-dessous. Les cellules de la plage B2 :C12 sont au format monétaire.

	A	B	C
1	Rang de l'année	Banque B	Banque C
2	0	10 000,00 €	10 000,00 €
3	1	10 350,00 €	10 370,00 €
4	2		
5	3		11 132,35 €
6	4		11 524,99 €
7	5		11 925,49 €
8	6		12 334,00 €
9	7		12 750,68 €
10	8		13 175,70 €
11	9		13 609,21 €
12	10		

1. Donner une formule qui, entrée en cellule B3, permet par recopie vers le bas d'obtenir le contenu des cellules de la plage B3:B12.

2. Donner une formule qui, entrée en cellule C3, permet par recopie vers le bas d'obtenir le contenu des cellules de la plage C3:C12.

Partie B. Étude des offres

1. On étudie l'offre de la banque B. On note, pour n entier naturel, b_n le capital en euros de l'investisseur au début de l'année n. Ainsi, $b_0 = 10\,000$ et $b_1 = 10\,350$.

a) Indiquer si la suite (b_n) est arithmétique ou géométrique. Préciser la raison de cette suite.

b) Exprimer b_n en fonction de n.

c) En déduire que, si le capital est placé dans la banque B, alors le capital disponible au début de l'année 10 sera 14 105,99 €.

2. On étudie l'offre de la banque C. Pour n entier naturel, on note c_n le capital, en euros, de l'investisseur au début de l'année n. Ainsi $c_0 = 10\,000$ et $c_1 = 10\,370$.

a) Calculer c_2.

b) On admet que, pour n entier naturel, on a :
$c_{n+1} = 1{,}02c_n + 170$.
Donner le capital disponible au début de l'année 10.

3. L'investisseur décide de placer son capital jusqu'au début de l'année 10.
Déterminer, parmi les deux banques B et C, celle qui propose l'offre la plus intéressante.

Corrigé

Partie A. Construction d'une feuille de calcul

1. En B3, on écrit : =B2*1,035.

2. En C3, on écrit : =C2*1,02+170.

Partie B. Étude des offres

1. a) La suite (b_n) est géométrique car on passe d'un terme au suivant en multipliant par le même facteur 1,035. C'est la raison de la suite.

b) Le terme général s'écrit :
$b_n = 10\,000 \times 1{,}035^n$.

c) On applique la formule précédente pour $n = 10$:
$b_{10} = 10\,000 \times 1{,}035^{10}$
$b_{10} = 14\,105{,}99$ €.
Au début de l'année 10, le capital disponible sera de 14 105,99 €.

2. a) $c_2 = c_1 \times 1{,}02 + 170$
$c_2 = 10\,370 \times 1{,}02 + 170$
$c_2 = 10\,747{,}40$ €.

b) $c_{10} = c_9 \times 1{,}02 + 170$
$c_{10} = 13\,609{,}21 \times 1{,}02 + 170$
$c_{10} = 14\,051{,}39$ €.
Le capital disponible au début de l'année 10 sera de 14 051,39 euros.

3. Comme $b_{10} > c_{10}$, l'offre de la banque B est préférable.

Sujet 9

Sujet national, option CGRH, *exercice 3, juin 2009*

Formulaire

Pour une suite arithmétique de premier terme u_0 et de raison a :

$$u_0 + u_1 + \ldots + u_n = (n+1) \times \frac{u_0 + u_n}{2}.$$

Pour une suite géométrique de premier terme u_0 et de raison b :

$$\text{si } b \neq 1,\ u_0 + u_1 \ldots + u_n = u_0 \times \frac{1 - b^{n+1}}{1 - b}.$$

M. Éliot a le projet de souscrire un contrat d'entretien pour sa chaudière à partir de janvier 2009. Il contacte l'entreprise Chaufeco et l'entreprise Chaufmax. Chacune d'entre elles propose une évolution différente des versements pour un contrat offrant les mêmes prestations.

1. Pour l'entreprise Chaufeco, il s'agit d'un contrat sur 10 ans avec un versement de 150 € la première année puis une augmentation du versement de 3,25 € par an jusqu'à la fin du contrat.

Pour se rendre compte de l'évolution des versements annuels, M. Éliot utilise un tableur dont on a extrait la feuille de calcul suivante :

	A	B	C
1	Année	Entreprise Chaufeco Versements annuels	Entreprise Chaufeco Cumul des versements
2	2009	150	150
3	2010	153,25	303,25
4	2011	156,50	459,75
5	2012	159,75	619,50
6	2013	163	782,5
7	2014	166,25	948,75
8	2015	169,50	1 118,25
9	2016	172,75	1 291
10	2017	176	1 467
11	2018	179,25	1 646,25

Les résultats sont arrondis au centime d'euro.

a) Donner une formule qui, entrée dans la cellule B3, a permis par recopie vers le bas, d'obtenir la plage de cellules B3:B11.

b) La plage de cellules C3:C11 a été obtenue par recopie vers le bas à partir de la cellule C3. Quelle formule contient la cellule C6?

c) Quelle information concernant le contrat de l'entreprise Chaufeco donne à M. Éliot le résultat affiché dans la cellule C11?

2. Pour l'entreprise Chaufmax, il s'agit d'un contrat sur 10 ans avec un versement de 150 € la première année puis une augmentation de 2 % par an jusqu'à la fin du contrat.

M. Éliot désire alors compléter la feuille de calcul précédente afin d'obtenir les versements correspondant à chacune des entreprises. On a extrait la feuille de calcul suivante :

	A	B	C	D	E	F
1					Taux	2 %
2	Année	Entreprise Chaufeco Versements annuels	Entreprise Chaufeco Cumul des versements		Entreprise Chaufmax Versements annuels	Entreprise Chaufmax Cumul des versements
3	2009	150	150		150	
4	2010	153,25	303,25		153	
5	2011	156,50	459,75			
6	2012	159,75	619,50			
7	2013	163	782,5			
8	2014	166,25	948,75			
9	2015	169,50	1 118,25			
10	2016	172,75	1 291			
11	2017	176	1 467			
12	2018	179,25	1 646,25			

a) Expliquer le résultat obtenu dans la cellule E4.

b) Donner une formule qui, entrée dans la cellule E4, permet par recopie vers le bas, d'obtenir la plage de cellules E4:E12.

c) On pose $u_0 = 150$ et on note (u_n) le versement, en euros, de l'année (2009 + n) avec l'entreprise Chaufmax.

Quelle est la nature de la suite (u_n) ? Montrer que, pour tout entier naturel n, $u_n = 150 \times 1{,}02^n$.

d) Quel résultat va s'afficher dans la cellule E12 ?

e) Sans calculer le contenu d'autres cellules, montrer que le résultat qui va s'afficher dans la cellule F12 est 1 642,46.

3. Lequel des deux contrats est le plus intéressant pour M. Éliot ?

4. M. Éliot désire étudier d'autres propositions du même type que celle de l'entreprise Chaufmax, mais avec un taux d'évolution différent.

La formule à la question **2.b)** permet-elle d'y répondre ?

Sinon, en entrant dans la cellule F1 le nouveau taux d'évolution, donner une formule qui, entrée dans la cellule E4 et recopiée vers le bas lui permettra de consulter les montants des versements.

Corrigé

1. a) En B3, on écrit : =B2+3,25.

b) En C6, on lit : =C5+B6.

c) La cellule C11 indique le coût total pour la durée du contrat Chaufeco.

2. a) En E4, on obtient : 150 × 1,02 = 153 €.

b) En E3, on écrit 150, puis en E4 : =E3*1,02.

c) Pour passer d'un terme au suivant on multiplie par le même facteur 1,02 ; (u_n) est donc une suite géométrique de premier terme u_0 = 150 et de raison 1,02.

Le terme général est de la forme $u_n = u_0 \times q^n$, soit :

$u_n = 150 \times 1{,}02^n$.

d) Dans la cellule E12, on lit :
$150 \times 1{,}02^9 = 179{,}26$ €.

e) Le résultat qui va s'afficher en F12 est la somme des 10 premiers termes de la suite (u_n).
On calcule la somme $S_9 = u_0 + u_1 + \ldots + u_9$.

$$S_9 = 150 \times \frac{1 - 1{,}02^{10}}{1 - 1{,}02}$$

$S_9 = 1\,642{,}46$ €.

3. Comme 1 642,46 < 1 646,25, le contrat Chaufmax est le plus intéressant.

4. Si le taux varie, la formule écrite en **2. b)** ne convient plus.
Pour pouvoir modifier le taux dans la cellule F1, il faut noter dans la cellule E4 : =E3*(1+$F$1).

Sujet 10

Antilles, options mercatique, CFE *et* GSI, *exercice 1, septembre 2007*

Cet exercice est un questionnaire à choix multiples.

Pour chaque question, une seule réponse est juste. Cocher la réponse correcte. Chaque bonne réponse rapporte 1 point, chaque réponse fausse enlève 0,5 point, une absence de réponse ne rapporte ni n'enlève aucun point.

1. La probabilité d'un événement A est de $\frac{1}{3}$. La probabilité de son événement contraire $\bar{A}$ est :

☐ On ne peut pas savoir.

☐ $\frac{4}{3}$

☐ $\frac{2}{3}$

☐ 0

2. La probabilité d'un événement B est de 0,1 et celle de l'événement C de 0,2. La probabilité de l'événement $B \cup C$ est :

☐ On ne peut pas savoir.

☐ 0,1

☐ 0,2

☐ 0,3

3. La probabilité d'un événement A est de 0,5, celle de B est de 0,2, la probabilité de l'événement $A \cap B$ est de 0,15. La probabilité de A sachant B est :

☐ 0,3

☐ On ne peut pas savoir.

☐ 0,75

☐ 0,4

4. Dans un repère orthonormal, les points M de coordonées (x ; y) telles que $2x - y - 3 > 0$ se situent :

☐ Au-dessus de la droite d'équation $y = 2x - 3$.

☐ En dessous de la droite d'équation $2x - y = 3$.
☐ Dans le demi-plan d'inéquation $y - 2x < 3$.
☐ Au-dessus de la droite d'équation $y = -2x + 3$.

5. On considère le diagramme en boîte ci-après.

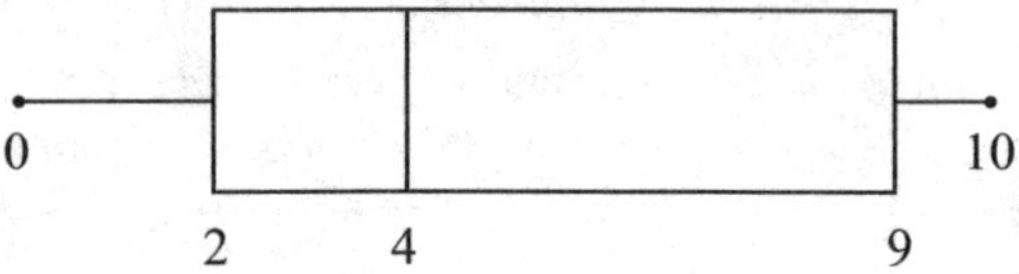

☐ La médiane est 4.
☐ Le troisième quartile est 10.
☐ L'intervalle interquartile est [0 ; 10]
☐ Le premier quartile est 4.

Corrigé

1. Bonne réponse : $\frac{2}{3}$.

$P(\bar{A}) = 1 - \frac{1}{3} = \frac{2}{3}$.

2. Bonne réponse : on ne peut pas savoir.
On ne peut pas savoir car on ne connaît pas $P(B \cap C)$.
On ne peut donc pas appliquer la formule :
$P(B \cup C) = P(B) + P(C) - P(B \cap C)$.

3. Bonne réponse : 0,75.
On applique la formule des probabilités conditionnelles :

$$P_B(A) = \frac{P(A \cap B)}{P(B)}$$

$$P_B(A) = \frac{0{,}15}{0{,}2}$$

$$P_B(A) = 0{,}75.$$

4. Bonne réponse : en dessous de la droite d'équation $2x - y = 3$.

L'inéquation $2x - y - 3 > 0$ équivaut à $2x - 3 > y$, soit $y < 2x - 3$.

Les points qui conviennent sont donc situés en dessous de la droite d'équation $y = 2x - 3$, que l'on peut écrire aussi $2x - y = 3$.

5. Bonne réponse : la médiane est 4.

La boîte a pour extrémités les deux quartiles $Q_1 = 2$ et $Q_3 = 9$. Le quartile intermédiaire $Q_2 = 4$ correspond à la médiane. La médiane est donc égale à 4.

Sujet 11

Nouvelle-Calédonie, option CGRH, *exercice 2, novembre 2007*

Sophie a mis des dragées dans une boîte, les unes contiennent une amande, les autres n'en contiennent pas.

30 % des dragées contiennent une amande.

40 % des dragées avec amande sont bleues, les autres sont roses.

75 % des dragées sans amande sont bleues, les autres sont roses.

Sophie choisit au hasard une dragée dans la boîte. On admet que toutes les dragées ont la même probabilité d'être choisies.

On note A l'événement : « La dragée choisie contient une amande ».

$\bar{A}$ désigne l'événement contraire de l'événement A.

B est l'événement : « La dragée choisie est bleue ».

1. Déterminer la probabilité de l'événement A.

2. Compléter l'arbre de probabilités ci-après.

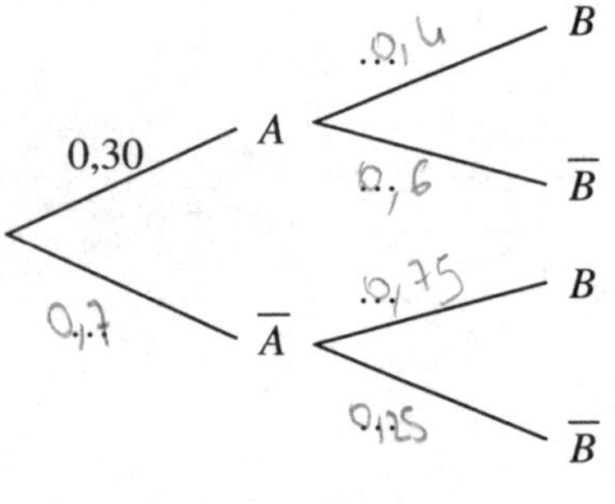

3. Décrire l'événement $A \cap B$ par une phrase. Montrer que sa probabilité est égale à 0,12.

4. Compléter le tableau de probabilités ci-après.

	Bleu	Rose	**Total**
Avec amande	0,12	0,18	0,3
Sans amande	0,525	0,175	0,7
Total	0,645	0,355	1

5. Sachant que Sophie choisit une dragée bleue, quelle est la probabilité que cette dragée contienne une amande? Arrondir la réponse à 0,01.

6. Les événements A et B sont-ils indépendants?

Corrigé

1. Comme il y a équiprobabilité :

$$P(A) = \frac{30}{100} = 0{,}3.$$

2. Complétons l'arbre des probabilités conditionnelles :

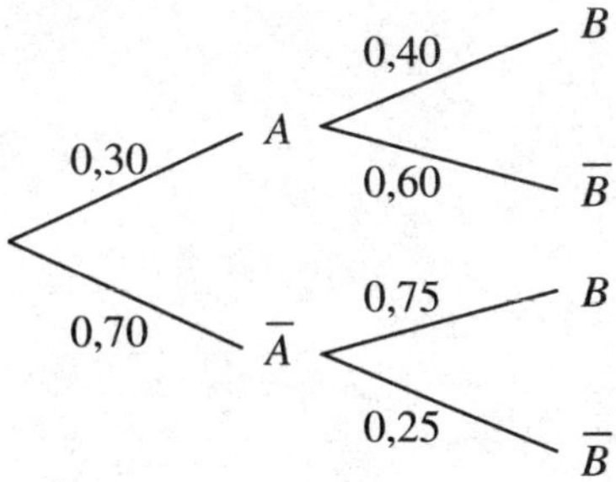

3. $A \cap B$ désigne l'événement : « La dragée choisie contient une amande et est bleue ».

$P(A \cap B) = P(A) \times P_A(B)$

$P(A \cap B) = 0{,}3 \times 0{,}4$

$P(A \cap B) = 0{,}12.$

4. Complétons le tableau à double-entrée :

	Bleu	Rose	**Total**
Avec amande	0,12	0,18	0,3
Sans amande	$0{,}7 \times 0{,}75 = 0{,}525$	$0{,}7 \times 0{,}25 = 0{,}175$	0,7
Total	0,645	0,355	1

5. On applique la formule des probabilités conditionnelles :

$$P_B(A) = \frac{P(A \cap B)}{P(B)}$$

$$P_B(A) = \frac{0{,}12}{0{,}645}$$

$$P_B(A) = 0{,}19.$$

6. On a : $P_B(A) \neq P(A)$ et $P_A(B) \neq P(B)$. Donc les événements A et B sont dépendants.

Sujet 12

Nouvelle-Calédonie, options mercatique, CFE *et* GSI, *exercice 2, novembre 2007*

Une entreprise possède trois usines de fabrication d'alarmes : la première située à Bordeaux, la deuxième à Grenoble et la troisième à Lille.

Un contrôleur qualité s'intéresse au nombre d'alarmes (défecteuses ou non) produites en ce mois de septembre 2007 dans chacune des trois usines.

Il a relevé les données suivantes :

	Défectueuses	En bon état	**Total**
Usine de Bordeaux	160		3 360
Usine de Grenoble			1 266
Usine de Lille	154		
Total	380	7 900	

1. Compléter le tableau ci-dessus.

2. Dans toute cette question, les résultats seront arrondis à 10^{-3} près.

On prend une alarme au hasard dans la production de ce mois de septembre. On note :

- B l'événement : « L'alarme provient de l'usine de Bordeaux »;
- G l'événement : « L'alarme provient de l'usine de Grenoble » ;
- L l'événement : « L'alarme provient de l'usine de Lille » ;
- D l'événement : « L'alarme est défectueuse ».

a) Calculer la probabilité de l'événement B notée $p(B)$.

b) Calculer la probabilité de l'événement D notée $p(D)$.

c) Définir par une phrase l'événement $B \cap D$ puis calculer $p(B \cap D)$.

d) Calculer $p(B \cup D)$.

e) Calculer $p_B(D)$, la probabilité de D sachant B.
Quelle usine semble la plus efficace en terme de qualité de production?

Corrigé

1. En effectuant les sommes et les différences nécessaires on obtient :

	Défectueuses	En bon état	**Total**
Usine de Bordeaux	160	3 200	3 360
Usine de Grenoble	66	1 200	1 266
Usine de Lille	154	3 500	3 654
Total	380	7 900	8 280

2. a) $p(B) = \dfrac{3\,360}{8\,280} = 0{,}405\,797...$, soit 0,406 à 10^{-3} près.

b) $p(D) = \dfrac{380}{8\,280} = 0{,}045\,893...$, soit 0,046 à 10^{-3} près.

c) L'événement $B \cap D$ signifie : « L'alarme provient de l'usine de Bordeaux et est défectueuse ».
Donc $p(B \cap D) = \dfrac{160}{8\,280} = 0{,}019\,323...$, soit 0,019 à 10^{-3} près.

d) On sait que $p(B \cup D) = p(B) + p(D) - p(B \cap D)$.
Donc $p(B \cup D) = \dfrac{3\,360 + 380 - 160}{8\,280} = \dfrac{3\,580}{8\,280}$;
$p(B \cup D) = 0{,}432\,367...$, soit 0,432 à 10^{-3} près.

e) On applique la formule des probabilités conditionnelles :
$p_B(D) = \dfrac{p(B \cap D)}{p(B)}$.

Soit $p_B(D) = \dfrac{0{,}019}{0{,}406} = 0{,}046\,79...$, soit 0,047 à 10^{-3} près.

On a $p_B(D) > p(D)$, donc l'usine de Bordeaux est moins efficace que la moyenne.

L'usine qui semble la plus efficace est celle de Lille.

En effet :

$p_G(D) = \dfrac{66}{1\,266} = 0{,}052\,1...$, soit 0,052 à 10^{-3} près

$p_L(D) = \dfrac{154}{3\,654} = 0{,}042\,1...$, soit 0,042 à 10^{-3} près.

La probabilité de trouver une pièce défectueuse est moins grande à Lille.

Sujet 13

Sujet national, options mercatique, CFE *et* GSI, *exercice 2, juin 2008*

Un club sportif multisports propose deux formules d'abonnement (et uniquement deux) : la formule sport unique et la formule tous sports. Chaque adhérent ne souscrit qu'à une seule des deux formules.

Dans le fichier des adhérents, en fin de saison, on constate que 40 % d'entre eux ont choisi la formule sport unique.

Parmi ceux qui ont choisi la formule sport unique, 85 % reçoivent une aide municipale, tandis que seulement 25 % des personnes qui ont choisi la formule tous sports bénéficient de l'aide municipale.

On choisit une fiche au hasard. On admet que chaque fiche a la même probabilité d'être choisie.

On considère les événements suivants :

- U : « la fiche choisie est celle d'un adhérent ayant opté pour la formule sport unique » ;
- T : « la fiche choisie est celle d'un adhérent ayant opté pour la formule tous sports » ;
- A : « l'adhérent bénéficie de l'aide municipale ».

1. Déterminer :

a) $P(U)$, la probabilité de l'événement U ;

b) $P(T)$, la probabilité de l'événement T ;

c) $P_U(A)$, la probabilité, sachant U, de l'événement A.

2. Calculer la probabilité que la fiche choisie soit celle d'un adhérent ayant opté pour la formule sport unique et bénéficiant de l'aide municipale.

3. Montrer que la probabilité de l'événement A est égale à 0,49.

4. Déterminer $P_A(U)$, la probabilité, sachant A, de l'événement U.

Corrigé

1. a) $P(U) = \dfrac{40}{100} = 0{,}4.$

b) T est l'événement contraire de U, donc $P(T) = P(\bar{U}) = 1 - P(U)$.
Soit $P(T) = 1 - 0{,}4 = 0{,}6$.

c) On calcule la probabilité de l'événement A sachant U.
Soit $P_U(A) = \dfrac{85}{100} = 0{,}85.$

2. On peut résumer la situation en dressant l'arbre des probabilités conditionnelles.

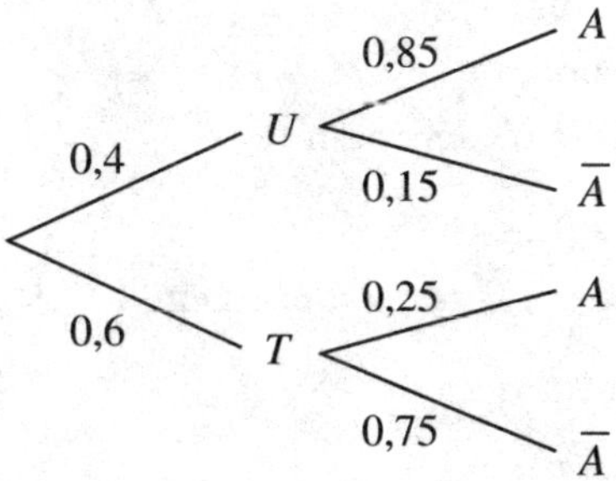

De l'arbre précédent on déduit la formule $P(U \cap A) = P(U) \times P_U(A)$.
Soit $P(U \cap A) = 0{,}4 \times 0{,}85 = 0{,}34$.

3. On applique la formule $P(A) = P(U \cap A) + P(T \cap A)$.
Soit $P(A) = 0{,}34 + 0{,}6 \times 0{,}25 = 0{,}49$.

4. On applique la formule des probabilités conditionnelles :
$P_A(U) = \dfrac{P(U \cap A)}{P(A)}.$
Soit $P_A(U) = \dfrac{0{,}34}{0{,}49} = 0{,}69$ (au centième près).

Sujet 14

Sujet national, option CGRH, *exercice 1, septembre 2008*

Un lac contient exclusivement trois sortes de poissons : 40 % des poissons sont des brochets, 25 % des poissons sont des truites et le reste est constitué de sandres.

50 % des brochets de ce lac sont de taille réglementaire ainsi que 60 % des truites et 45 % des sandres.

On pêche un poisson de ce lac : tous les poissons ont la même probabilité d'être pêchés.

On considère les événements suivants :

– B : « Le poisson pêché est un brochet » ;
– T : « Le poisson pêché est une truite » ;
– S : « Le poisson pêché est un sandre » ;
– R : « Le poisson pêché est de taille réglementaire ;
– $\overline{R}$ l'événement contraire de R.

1. Décrire par une phrase l'événement $\overline{R}$ puis l'événement $T \cap R$.

2. Compléter l'arbre de probabilité ci-dessous.

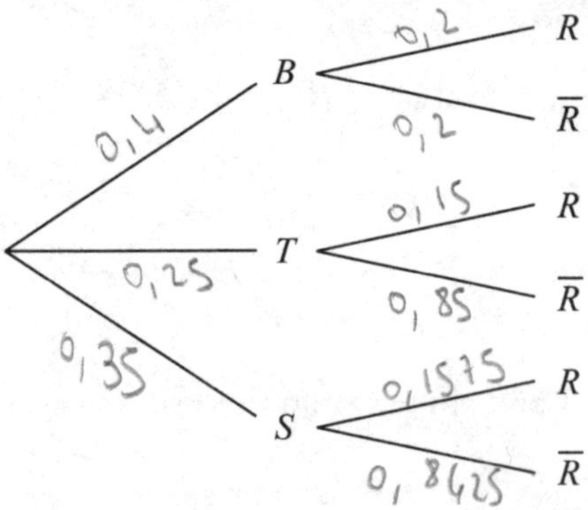

Dans les questions suivantes, les résultats seront arrondis au centième.

3. a) Justifier que la probabilité que le poisson pêché soit un brochet de taille réglementaire est 0,20.

b) Calculer la probabilité que le poisson pêché soit un sandre de taille réglementaire.

c) Montrer que la probabilité que le poisson pêché soit de taille réglementaire est sensiblement égale à 0,51.

d) En déduire $p(\overline{R})$.

4. Sachant que le poisson pêché n'est pas de taille réglementaire, quelle est la probabilité que ce soit une truite?

Corrigé

1. $\overline{R}$: « Le poisson pêché n'est pas de taille réglementaire ».
$T \cap R$ est l'événement : « Le poisson pêché est une truite de taille réglementaire ».

2. Arbre des probabilités conditionnelles :

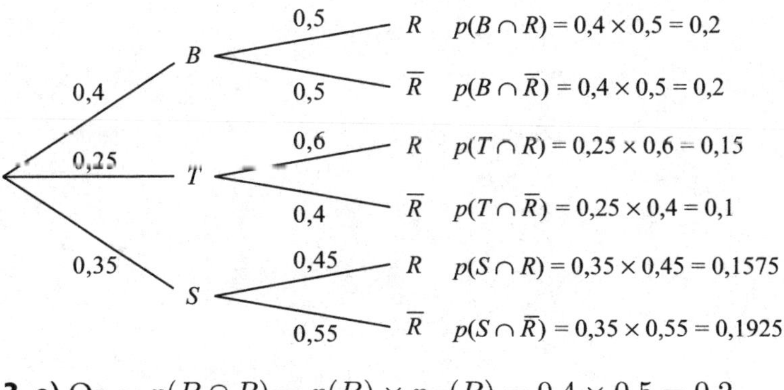

3. a) On a : $p(B \cap R) = p(B) \times p_B(R) = 0{,}4 \times 0{,}5 = 0{,}2$.

b) De même $p(S \cap R) = p(S) \times p_S(R)$.
$p(S \cap R) = 0{,}35 \times 0{,}45 = 0{,}1575$, soit 0,16 au centième près.

c) On a : $p(R) = p(B \cap R) + p(T \cap R) + p(S \cap R)$.
On calcule comme précédemment $p(T \cap R)$. Soit :
$p(T \cap R) = p(T) \times p_T(R) = 0{,}25 \times 0{,}6 = 0{,}15$.
Soit $p(R) = 0{,}2 + 0{,}15 + 0{,}1575 = 0{,}5075$.
D'où $p(R) \approx 0{,}51$.

d) Comme R et $\overline{R}$ sont deux événements contraires alors :
$p(\overline{R}) = 1 - p(R)$
$p(\overline{R}) \approx 0{,}49$.

4. On applique la formule des probabilités conditionnelles :
$p_{\overline{R}}(T) = \dfrac{p(T \cap \overline{R})}{p(\overline{R})}$.

Soit $p_{\overline{R}}(T) = \dfrac{0{,}1}{0{,}49}$ ou $p_{\overline{R}}(T) \approx 0{,}20$.

Sujet 15

Antilles, options mercatique, CFE et GSI, exercice 4, septembre 2008

À l'aide d'une machine, un supermarché contrôle l'authenticité de 2 000 billets de banque. Les coupures de 20 € représentent 40 % de l'ensemble des billets contrôlés.

On a détecté 5 fausses coupures. Les billets de 20 € représentent 60 % des fausses coupures.

1. Reproduire et compléter le tableau suivant. Faire figurer le détail des calculs sur votre copie.

	Billets falsifiés	**Billets authentiques**	**Total**
Coupure de 10 €		600	
Coupure de 20 €			
Coupure de 50 €	2		
Total			2 000

Dans les questions suivantes, les réponses seront données sous la forme d'une fraction irréductible.

Un billet est choisi au hasard parmi les 2 000 billets contrôlés.

On considère les événements suivants.

F : « Le billet choisi est falsifié » ;

C : « Le billet choisi est une coupure de 50 € » ;

V : « Le billet choisi est une coupure de 20 € ».

2. Définir par une phrase l'événement $V \cap F$ et calculer $p(V \cap F)$.

3. Calculer la probabilité conditionnelle de F sachant C notée $p_C(F)$.

4. Calculer $p(F)$. Peut-on dire que les événements F et C sont indépendants? Justifier la réponse.

Corrigé

1. On obtient :

	Billets falsifiés	**Billets authentiques**	**Total**
Coupure de 10 €	5 – 3 – 2 = 0	600	600
Coupure de 20 €	5 × 0,6 = 3	800 – 3 = 797	2 000 × 0,4 = 800
Coupure de 50 €	2	600 – 2 = 598	600
Total	5	2 000 – 5 = 1995	2 000

2. $V \cap F$: « Le billet choisi est une coupure de 20 € falsifiée » et $p(V \cap F) = \dfrac{3}{2\,000}$.

3. $p_C(F) = \dfrac{p(F \cap C)}{p(C)} = \dfrac{2}{600} = \dfrac{1}{300}$.

4. $p(F) = \dfrac{5}{2\,000} = \dfrac{1}{400}$.

Comme $p(F) \neq p_C(F)$ alors les événements F et C ne sont pas indépendants.

Sujet 16

Sujet national, options mercatique, CFE et GSI, exercice 1, juin 2009

Cet exercice est un questionnaire à choix multiples (QCM).

Pour chaque question, une seule des trois réponses proposées est correcte. Relever sur la copie le numéro de la question ainsi que la réponse choisie. Aucune justification n'est demandée.

Une réponse juste rapporte 1 point ; une réponse fausse enlève 0,25 point et l'absence de réponse n'enlève ni ne rapporte de point. Si le total des points est négatif alors la note attribuée à l'exercice est ramenée à 0.

Parmi les joueurs d'échecs inscrits à un tournoi, l'un des joueurs est surnommé « le favori ».

Sur la base des résultats passés, on admet que la probabilité que « le favori » gagne un match contre l'un quelconque des joueurs du tournoi est égale à 0,9. On suppose que les résultats des matches successifs du tournoi sont indépendants et que lorsqu'un joueur perd un match, il est éliminé du tournoi.

1. La probabilité que « le favori » perde son premier match est égale à :

☐ 0,50

☐ 0,10

☐ 0,01

2. La probabilité que « le favori » gagne ses deux premiers matches est égale à :

☐ 0,50

☐ 0,81

☐ 0,90

3. Sachant que « le favori » a gagné son premier match, la probabilité qu'il gagne le match suivant est égale à :

☐ 0,50

☐ 0,81

☐ 0,90

4. La probabilité que « le favori » ne joue qu'un ou deux matches est égale à :

☐ 0,19

☐ 0,20

☐ 0,09

Corrigé

1. Bonne réponse : 0,10.

La probabilité de l'événement G : « le favori gagne » est 0,9.

Donc l'événement contraire, $\overline{G}$: « le favori perd », a une probabilité de 1 − 0,9, soit 0,10.

2. Bonne réponse : 0,81.

Soient les événements :

G_1 : « le favori gagne le premier match » ;

G_2 : « le favori gagne le second match ».

Comme les événements sont indépendants :

$p(G_1 \cap G_2) = p(G_1) \times p(G_2)$

$p(G_1 \cap G_2) = 0{,}9 \times 0{,}9$

$p(G_1 \cap G_2) = 0{,}81.$

3. Bonne réponse : 0,90.

Comme les événements sont indépendants :

$p_{G_1}(G_2) = p(G_2)$

$p_{G_1}(G_2) = 0{,}9.$

4. Bonne réponse : 0,19.

Arbre des probabilités conditionnelles :

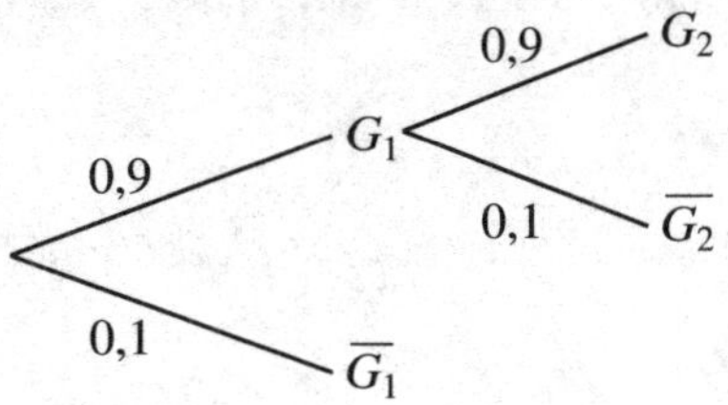

Pour ne jouer qu'un ou deux matches, le favori doit perdre G_1 ou gagner G_1 et perdre G_2.

La probabilité que cet événement se réalise est donc :

$p(\overline{G}_1) + p(G_1 \cap \overline{G}_2) = p(\overline{G}_1) + p(G_1) \times p(\overline{G}_2)$

$p(\overline{G}_1) + p(G_1 \cap \overline{G}_2) = 0{,}1 + 0{,}9 \times 0{,}1$

$p(\overline{G}_1) + p(G_1 \cap \overline{G}_2) = 0{,}19.$

Sujet 17

Polynésie française, options mercatique, CFE *et* GSI, *exercice 2, juin 2009*

Une agence de voyages a proposé à ses clients un séjour à l'étranger selon deux formules :

- une formule « hôtel » ;
- une formule « aventure ».

Les deux formules ne pouvaient pas être combinées, 60 % des clients ont choisi la formule « hôtel » et 40 % ont choisi la formule « aventure ».

Une enquête de satisfaction conduite auprès de tous les clients ayant acheté ce séjour a montré que 70 % des clients de la formule « hôtel » ont exprimé être satisfaits et que, parmi les clients de la formule « aventure », ils sont 90 % à être satisfaits.

Comme annoncé dans un dépliant publicitaire, l'agence procède à un tirage au sort pour offrir un cadeau à l'un des clients de ce séjour.

On considère les événements suivants :

H : « le tirage au sort a désigné un client de la formule "hôtel" » ;

A : le tirage au sort a désigné un client de la formule "aventure" » ;

S : « le tirage au sort a désigné un client satisfait ».

1. Construire un arbre de probabilités associé à cette expérience.

2. Déterminer $P_A(S)$, $P_A(\overline{S})$ et $P_H(S)$.

3. Définir par une phrase l'événement : $A \cap \overline{S}$.
Calculer $P(A \cap \overline{S})$.

4. Montrer que la probabilité que le client désigné par le tirage au sort soit un client insatisfait est 0,22.

5. Calculer la probabilité que le tirage au sort ait désigné, parmi les insatisfaits, un client de la formule « aventure » et exprimer le résultat à 10^{-2} près.

Corrigé

1. Arbre des probabilités conditionnelles :

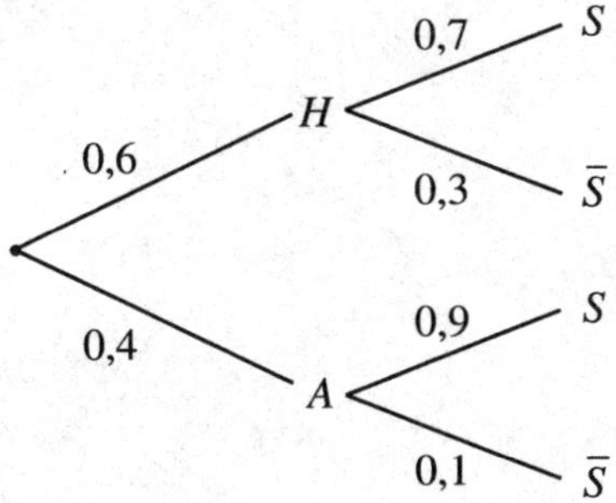

2. $P_A(S) = \dfrac{90}{100} = 0{,}9.$

$P_A(\overline{S}) = 1 - \dfrac{90}{100} = 0{,}1.$

$P_H(S) = \dfrac{70}{100} = 0{,}7.$

3. $A \cap \overline{S}$ désigne l'événement :

« Le tirage au sort a désigné un client ayant choisi la formule "aventure" et qui n'est pas satisfaisait ».

$P(A \cap \overline{S}) = P(A) \times P_A(\overline{S})$

$P(A \cap \overline{S}) = 0{,}4 \times 0{,}1$

$P(A \cap \overline{S}) = 0{,}04.$

4. La probabilité que le client désigné par le tirage au sort soit un client insatisfait est $P(\overline{S})$:

$P(\overline{S}) = P(H \cap \overline{S}) + P(A \cap \overline{S})$

$P(\overline{S}) = P(H) \times P_H(\overline{S}) + 0{,}04$

$P(S) = 0{,}6 \times 0{,}3 + 0{,}04$

$P(\overline{S}) = 0{,}18 + 0{,}04$

$P(\overline{S}) = 0{,}22.$

5. On applique la formule des probabilités conditionnelles :

$$P_{\overline{S}}(A) = \frac{P(A \cap \overline{S})}{P(\overline{S})} = \frac{0{,}04}{0{,}22}$$

$P_{\overline{S}}(A) \approx 0{,}18.$

Sujet 18

Inde, options mercatique, CFE *et* GSI*, exercice 3, avril 2008*

Partie A

Sur la figure ci-après (à rendre avec la copie), on a tracé les droites :

d_1 d'équation $y = 5$; d_2 d'équation $y = -\dfrac{3x}{7} + \dfrac{250}{21}$;

d_3 d'équation $y = -x + 17$ et d_4 d'équation $x = 4$.

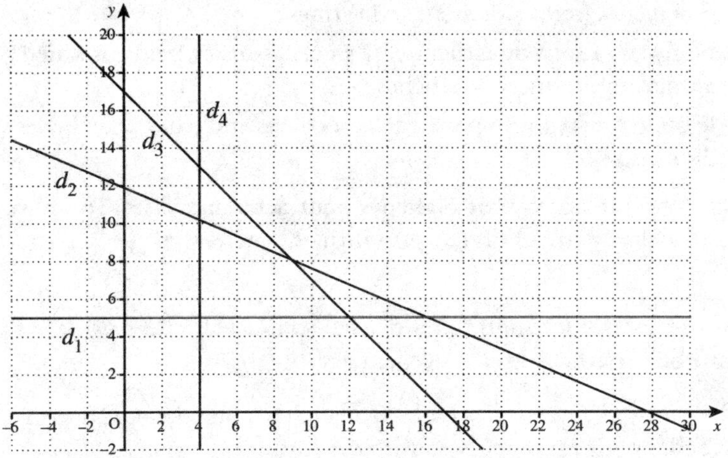

Déterminer graphiquement, en hachurant la partie du plan qui ne convient pas, l'ensemble des points M du plan dont les coordonnées $(x\,,\,y)$ vérifient le système suivant :

$$\begin{cases} x \geqslant 4 \\ y \geqslant 5 \\ y \leqslant -x + 17 \\ y \leqslant \dfrac{-3x}{7} + \dfrac{250}{21} \end{cases}$$

Partie B

Les propriétaires d'un magasin situé en bord de mer souhaitent acheter des planches à voile pour les proposer à la location.

Ils doivent acheter deux types de planche à voile :

- des planches, au coût unitaire de 900 €, destinées aux débutants ;
- des planches, au coût unitaire de 2 100 €, destinées aux utilisateurs confirmés.

Les contraintes sont les suivantes :

- ils doivent avoir au moins 4 planches pour débutants et 5 planches pour utilisateurs confirmés ;
- pour des raisons de difficulté de stockage, ils ne peuvent acheter au maximum que 17 planches ;
- le budget maximum pour l'achat de l'ensemble des planches est de 25 000 €.

On note x le nombre de planches pour débutants et y le nombre de planches pour utilisateurs confirmés achetées par les propriétaires.

1. Justifier que les contraintes d'achat sont caractérisées par le système de la partie A avec x et y entiers.

2. Le magasin peut-il acheter 6 planches pour débutants et 10 planches pour utilisateurs confirmés? Justifier la réponse.

3. Les planches pour débutants seront louées 15 € l'heure ; les planches pour utilisateurs confirmés seront louées 20 € l'heure.

On suppose que toutes les planches seront louées.

a) Exprimer, en fonction de x et y, le chiffre d'affaire horaire R du magasin.

b) Les propriétaires souhaitent déterminer le couple $(x\,;\,y)$ qui fournira le chiffre d'affaire horaire maximum. À l'aide d'un tableur, ils obtiennent la feuille de calcul ci-après.

	A	B	C	D	E	F	G	H
1	x \ y	5	6	7	8	9	10	11
2	4	160	180	200	220	240	260	280
3	5	175	195	215	235	255	275	295
4	6	190	210	230	250	270	290	310
5	7	205	225	245	265	285	305	325
6	8	220	240	260	280	300	320	340
7	9	235	255	275	295	315	335	355
8	10	250	270	290	310	330	350	370
9	11	265	285	305	325	345	365	385
10	12	280	300	320	340	360	380	400

Parmi les formules suivantes, indiquer celle qui est à saisir dans la cellule B2 afin de compléter le tableau par recopie :

Formule 1 : =15*$A$2+20*$B$1

Formule 2 : =15*A$2+20*$B1

Formule 3 : =15*$A2+20*B$1

c) Donner, parmi les couples (x ; y) qui vérifient les contraintes, celui qui correspond au chiffre d'affaire maximum. Quel est ce chiffre d'affaire maximum ?

Corrigé

Partie A

Les points dont l'abscisse vérifie $x \geqslant 4$ sont placés à droite de la droite d'équation $x = 4$.

Ceux dont l'ordonnée vérifie $y \geqslant 5$ sont placés au-dessus de la droite d'équation $y = 5$.

Les points dont les coordonnées vérifient $y \leqslant -x + 17$ sont placés au-dessous de la droite d'équation $y = -x + 17$.

Ceux dont les coordonnées vérifient $y \leqslant -\dfrac{3x}{7} + \dfrac{250}{21}$ sont placés au-dessous de la droite d'équation $y = -\dfrac{3x}{7} + \dfrac{250}{21}$.
Comme les inégalités sont au sens large, les frontières conviennent.
La zone solution est donc le quadrilatère non hachuré (côtés compris).

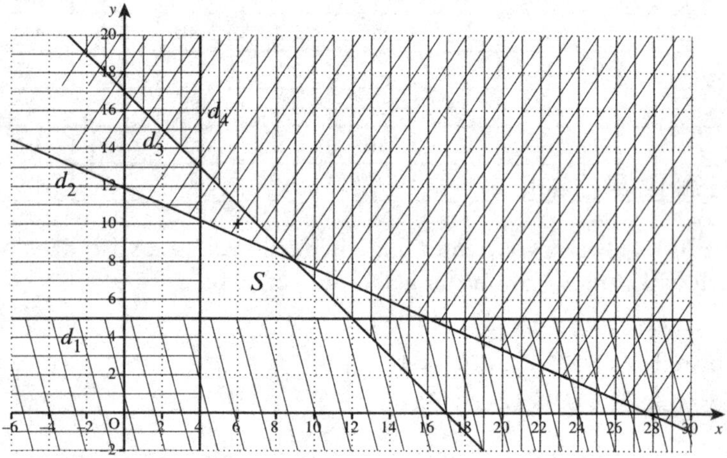

Partie B

1. x et y vérifient le système :

$$\begin{cases} x \geqslant 4 \\ y \geqslant 5 \\ x + y \leqslant 17 \\ 900x + 2\,100y \leqslant 25\,000 \end{cases}$$

soit encore $\begin{cases} x \geqslant 4 \\ y \geqslant 5 \\ y \leqslant -x + 17 \\ y \leqslant \dfrac{25\,000 - 900x}{2\,100} \end{cases}$

ou $\begin{cases} x \geqslant 4 \\ y \geqslant 5 \\ y \leqslant -x + 17 \\ y \leqslant \dfrac{25\,000}{2\,100} - \dfrac{900x}{2\,100} \end{cases}$

ou bien $\begin{cases} x \geqslant 4 \\ y \geqslant 5 \\ y \leqslant -x + 17 \\ y \leqslant -\dfrac{3x}{7} + \dfrac{250}{21} \end{cases}$

qui est le système de la partie A.

2. Le magasin ne peut pas acheter 6 planches pour débutants et 10 planches pour utilisateurs confirmés, car le point (6 ; 10) n'appartient pas à la zone solution du système.

3. **a)** On a $R(x) = 15x + 20y$.

b) Il faut copier vers la droite en bloquant la colonne A et copier vers le bas en bloquant la ligne 1.

Il faut donc écrire en B2 : =15*$A2+20*B$1.

c) Parmi les 34 couples qui vérifient les contraintes, (9 ; 8) est celui qui donne un bénéfice maximal, soit 295 €.

Il faut donc louer 9 planches pour débutants et 8 planches pour utilisateurs confirmés afin d'atteindre un tel bénéfice.

	A	B	C	D	E	F	G	H
1	x \ y	5	6	7	8	9	10	11
2	4	160	180	200	220	240	260	~~280~~
3	5	175	195	215	235	255	~~275~~	~~295~~
4	6	190	210	230	250	270	~~290~~	~~310~~
5	7	205	225	245	265	~~285~~	~~305~~	~~325~~
6	8	220	240	260	280	~~300~~	~~320~~	~~340~~
7	9	235	255	275	**295**	~~315~~	~~335~~	~~355~~
8	10	250	270	290	~~310~~	~~330~~	~~350~~	~~370~~
9	11	265	285	~~305~~	~~325~~	~~345~~	~~365~~	~~385~~
10	12	280	~~300~~	~~320~~	~~340~~	~~360~~	~~380~~	~~400~~

Sujet 19

Polynésie, options mercatique, CFE *et* GSI, *exercice 2, juin 2008*

M. François va ouvrir un marché « puces et brocante » sur son terrain. Il y a délimité 120 emplacements. L'installation des exposants commencera à 6 h, le dernier exposant devra avoir fini de s'installer à 8 h.

Il prévoit que chaque exposant arrivant :

– avec une voiture, paiera 10 euros de redevance et disposera de deux emplacements pour installer son stand ;
– avec un fourgon, paiera 16 euros de redevance et disposera de trois emplacements.

Il faut en moyenne 1 min à une voiture pour se garer et 4 min à un fourgon.

Pour des raisons de sécurité, chaque exposant ne peut commencer à se garer que lorsque le précédent a fini de se garer.

M. François souhaite déterminer le nombre de voitures et le nombre de fourgons nécessaires pour que sa recette soit maximale.

Partie A

On note x le nombre de voitures et y le nombre de fourgons.

1. Écrire un système d'inéquations correspondant aux contraintes du problème.

2. En utilisant une feuille de papier millimétré, déterminer graphiquement l'ensemble des points M du plan dont les coordonnées vérifient le système (S) suivant avec comme unité graphique : 1 cm pour 5 unités sur les deux axes. On hachurera la partie du plan qui ne convient pas.

$$(\mathrm{S})\begin{cases} x \geqslant 0 \\ y \geqslant 0 \\ y \leqslant -\dfrac{2}{3}x + 40 \\ y \leqslant -\dfrac{1}{4}x + 30 \end{cases}$$

3. Après avoir justifié le lien entre les questions 1. et 2., préciser si M. François peut accueillir :

a) 50 voitures et 20 fourgons ?

b) 30 voitures et 15 fourgons ?

c) 24 voitures et 24 fourgons ?

Partie B

On note R la recette de la journée.

1. Exprimer R en fonction de x et y.

2. Montrer que la droite D d'équation $y = -\dfrac{5}{8}x + 10$ correspond à une recette de 160 euros.

3. a) Représenter la droite D dans le repère précédent.

b) Trouver le couple d'entiers $(x\,;\,y)$ qui permet d'obtenir la recette maximale.

c) Calculer alors cette recette maximale et répondre au problème posé.

Corrigé

Partie A

1. Tableau des contraintes :

	Voiture	**Fourgon**	**Maximum**
Nombre d'emplacements	2	3	120
Temps pour se garer	1 min	4 min	2 h ou 120 min
Prix	10 €	16 €	

On traduit ces contraintes par le système d'inéquations :

$$\begin{cases} x \geqslant 0 \\ y \geqslant 0 \\ 2x + 3y \leqslant 120 \\ x + 4y \leqslant 120 \end{cases}$$

2. On trace d'abord les droites frontières des demi-plans :

$$D_1 : y = -\frac{2}{3}x + 40$$

x	0	60
$-\frac{2}{3}x + 40$	40	0

$$D_2 : y = -\frac{1}{4}x + 30$$

x	0	60
$-\frac{1}{4}x + 30$	30	15

Comme les deux demi-plans formés par ces deux droites contiennent l'origine O(0 ; 0), la zone solution S est le quadrilatère formé par ces deux droites et les deux axes (bords compris).

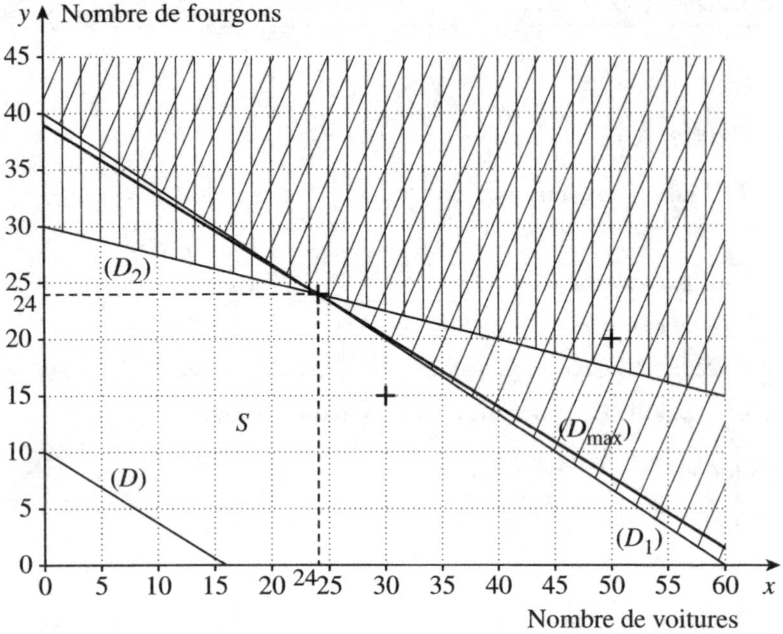

3. L'inéquation $2x + 3y \leqslant 120$ équivaut à :

$3y \leqslant -2x + 120$ ou $y \leqslant -\frac{2}{3}x + \frac{120}{30}$.

Soit $y \leqslant -\frac{2}{3}x + 40$.

De même $x + 4y \leqslant 120$ équivaut à :

$4y \leqslant -x + 120$ ou $y \leqslant -\frac{1}{4}x + \frac{120}{4}$.

Soit $y \leqslant -\frac{1}{4}x + 30$. Les systèmes sont donc équivalents.

a) M. François ne peut pas accueillir 50 voitures et 20 fourgons car le point (50 ; 20) n'appartient pas à la zone solution.

b) Il peut accueillir 30 voitures et 15 fourgons car le point (30 ; 15) appartient à la zone solution.

c) Il peut accueillir 24 voitures et 24 fourgons. En effet, le point (24 ; 24) appartient à la zone solution car les bords sont compris.

Partie B

1. On a $R = 10x + 16y$.

2. L'équation $y = -\frac{5}{8}x + 10$ équivaut à $\frac{8y}{8} = -\frac{5x}{8} + \frac{80}{8}$.
Soit $5x + 8y = 80$ ou $10x + 16y = 160$ (en multipliant par 2 les deux membres de l'équation).
Donc la droite D correspond à une recette de 160 euros.

3. a) Voir la représentation graphique précédente.
Tableau de valeurs :

x	0	16
$-\frac{5}{8}x + 10$	10	0

b) Comme $R = 10x + 16y$ alors $16y = R - 10x$,
soit $y = -\frac{10}{16}x + \frac{R}{16}$.
D'où $y = -\frac{5}{8}x + \frac{R}{16}$.
On obtient une famille de droites parallèles à la droite D, car elles ont le même coefficient directeur $-\frac{5}{8}$.
Parmi celles-ci on détermine graphiquement laquelle coupe la zone solution S en ayant l'ordonnée à l'origine $\frac{R}{16}$ la plus grande. Elle a le point d'intersection avec l'axe des ordonnées le plus haut.
On observe qu'elle passe par le point d'intersection des droites D_1 et D_2.
Les coordonnées de ce point d'intersection vérifient le système :

$$\begin{cases} 2x + 3y = 120 \\ x + 4y = 120 \end{cases}$$

En multipliant par 2 les deux membres de la seconde équation, on obtient le système équivalent :

$$\begin{cases} 2x + 3y = 120 \\ 2x + 8y = 240 \end{cases}$$

En soustrayant membre à membre, on a :

$$\begin{cases} -5y = -120 \\ x = 120 - 4y \end{cases}$$

Soit :

$$\begin{cases} y = \dfrac{-120}{-5} = 24 \\ x = 120 - 4 \times 24 = 24 \end{cases}$$

Il faut donc 24 voitures et 24 fourgons pour une recette maximale.

c) On a :

$R_{\text{max}} = 10 \times 24 + 16 \times 24 = 624$ €.

La recette maximale est de 624 euros, pour 24 voitures et 24 fourgons.

Sujet 20

Polynésie, options mercatique, CFE et GSI, exercice 1, septembre 2008

Cet exercice est un test vrai/ faux.

Pour chacune des quatre propositions, relever le numéro de la proposition et dire si elle est vraie ou fausse. Aucune justification n'est demandée.

Une réponse juste rapporte 1,5 point ; une réponse fausse enlève 0,5 point ; l'absence de réponse ne rapporte ni n'enlève de point. Si le total des points est négatif, la note attribuée à l'exercice est ramenée à 0.

Un groupe d'élèves décide de faire des gâteaux et de les vendre pour récolter de l'argent pour un voyage scolaire.

Ils pensent confectionner des gâteaux au yaourt et des gâteaux au chocolat, et les vendre respectivement 6 € et 8 € pièce. Ils disposent en quantités nécessaires des yaourts, du chocolat, du beurre, de la levure et de l'huile, mais n'ont que 4,8 kg de farine, 5,4 kg de sucre et 150 œufs.

La préparation d'un gâteau au yaourt nécessite 240 g de farine, 240 g de sucre et 3 œufs.

La préparation d'un gâteau au chocolat nécessite 80 g de farine, 150 g de sucre et 6 œufs.

Les élèves notent x le nombre de gâteaux au yaourt fabriqués, et y le nombre de gâteaux au chocolat fabriqués. Ils supposent que tous les gâteaux fabriqués seront vendus. Ils souhaitent gagner le plus d'argent possible.

Ils réalisent un graphique permettant de traiter ce problème. Ce graphique est donné ci-dessous.

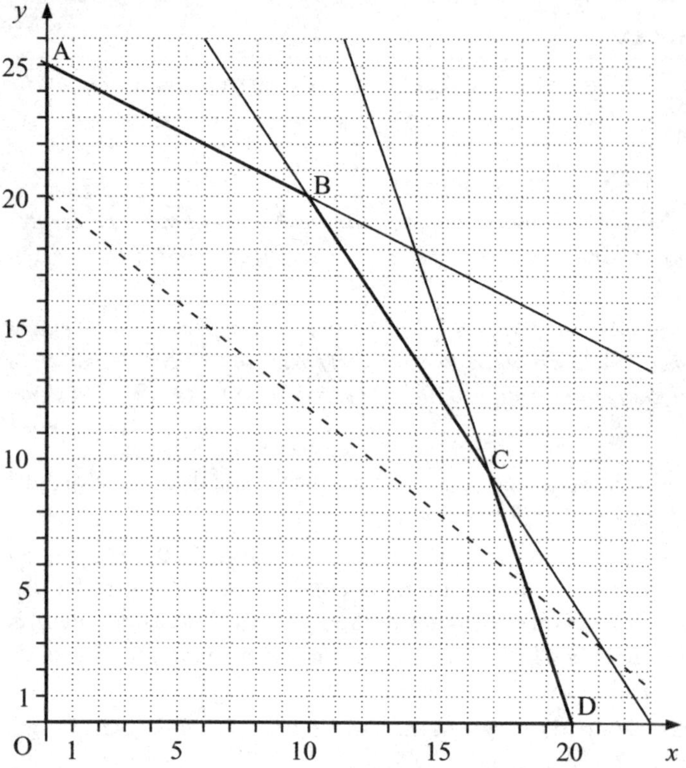

Les points A, B, C et D ont pour coordonnées respectives (0 ; 25), (10 ; 20), $\left(\frac{120}{7} ; \frac{60}{7}\right)$ et (20 ; 0).

Les couples d'entiers (x ; y) respectant les contraintes sont les coordonnées des points à coordonnées entières situés à l'intérieur du pentagone OABCD ou sur ses côtés.

La droite d'équation $6x + 8y = 160$ est tracée en pointillés. Elle correspond aux cas où la recette est de 160 €.

Proposition 1. La contrainte liée à la quantité de farine disponible peut se traduire par : $3x + y \leqslant 60$.

Proposition 2. La droite (BC) est associée à la contrainte liée au nombre d'œufs.

Proposition 3. En fabriquant 19 gâteaux au yaourt et 4 gâteaux au chocolat, toutes les contraintes sont respectées.

Proposition 4. En respectant toutes les contraintes, le maximum d'argent gagné lors de la vente sera de 220 €.

Corrigé

On peut traduire les données par un tableau des contraintes.

	Gâteau au yaourt	**Gâteau au chocolat**	**Quantité maximale**
Farine	240 g	80 g	4 800 g
Sucre	240 g	150 g	5 400 g
Œufs	3	6	150
Prix de vente	6 €	8 €	

Proposition 1. Vraie.

$240x + 80y \leqslant 4\,800.$

En divisant les deux membres par 80, on obtient l'inégalité équivalente :

$3x + y \leqslant 60.$

Proposition 2. Fausse.

Le nombre d'œufs doit vérifier : $3x + 6y \leqslant 150$.

La droite associée est la droite d d'équation $3x + 6y = 150$.

Vérifions si les points B et C appartiennent à cette droite.

En remplaçant x et y par les coordonnées de B(10 ; 20), on obtient : $3 \times 10 + 6 \times 20 = 150$. Le point B appartient bien à la droite d.

En remplaçant x et y par les coordonnées de $C\left(\frac{120}{7} ; \frac{60}{7}\right)$, on obtient : $3 \times \frac{120}{7} + 6 \times \frac{60}{7} = \frac{720}{7} \approx 103.$

Comme $103 \neq 150$, le point C n'appartient pas à la droite d.
La droite (BC) n'est pas la droite frontière du demi-plan défini par l'inéquation.

Proposition 3. Fausse.
Le point (19 ; 4) n'appartient pas à la zone solution (voir graphique ci-dessous).

Proposition 4. Vraie.
La droite de bénéfice maximal Δ est la parallèle à la droite d'équation $6x + 8y = 60$ et qui coupe la zone solution le plus haut possible. Elle passe par le point B(10 ; 20). La recette est alors :
$6 \times 10 + 8 \times 20 = 220$.

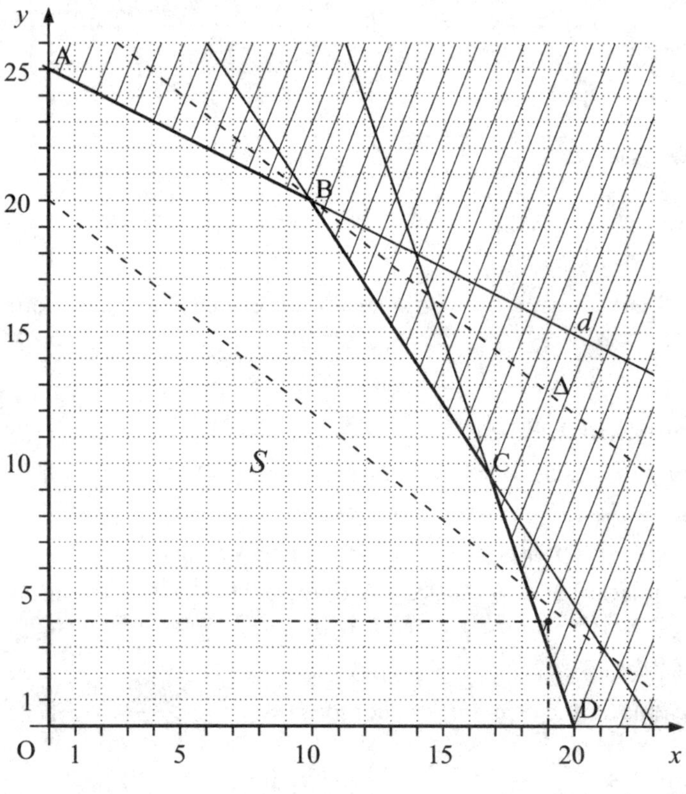

Sujet 21

Polynésie française, options mercatique, CFE *et* GSI, *exercice 3, juin 2009*

Une épidémie frappe les 10 000 habitants d'une petite île isolée. Un organisme de secours international organise l'envoi sur place d'une aide médicale d'urgence : il s'agira de petites unités médicales de deux types, accompagnées d'un personnel médical.

Cette nuit même, on embarquera sauveteurs et matériels à bord du premier vol régulier à destination de l'aéroport international le plus proche de l'île. Là-bas, il restera à décharger et à acheminer le matériel vers l'île sinistrée.

Les deux, types d'unités médicales se composent comme suit :

- un type classique, appelé type A, qui nécessite 1 000 kg de matériel et qui requiert la présence de trois médecins ;
- un nouveau type d'unité, appelé type B, qui ne nécessite que 500 kg de matériel et la présence d'un seul médecin.

Le modèle A peut traiter 900 malades tandis que le modèle B ne peut traiter que 400 malades.

La compagnie aérienne qui se charge du transport des médecins et du matériel ne dispose que de 22 places disponibles et ne peut embarquer, au plus, que 8 tonnes, soit 8 000 kg, de matériel.

On note x le nombre d'unités de type A et y le nombre d'unités de type B qui seront envoyées sur place.

1. Montrer que les contraintes peuvent se traduire sous la forme du système suivant :

$$\begin{cases} x \geqslant 0 \\ y \geqslant 0 \\ y \leqslant -3x + 22 \\ y \leqslant -2x + 16 \end{cases}$$

2. Sur une feuille de papier millimétré, représenter dans un repère orthonormal d'unité 1 cm, en hachurant la partie du plan qui ne convient pas, l'ensemble des points dont les coordonnées vérifient le système précédent.

3. a) Exprimer en fonction de x et y le nombre N de malades qui pourront être traités par les équipes de secours.

b) Tracer sur le graphique la droite (D) correspondant à 4 000 malades traités.

4. a) Expliquer comment déterminer x et y pour que N soit maximum.

b) Déterminer par lecture graphique les valeurs de x et y qui correspondent à ce maximum.

5. Conclure en donnant le nombre d'unités de chaque type qu'il faut mobiliser et le nombre maximal de malades qui peuvent être traités.

Corrigé

1. Tableau des contraintes :

	Type A	Type B	Maximum
Masse de matériel en kg	1 000	500	8 000
Nombre de médecins	3	1	22
Nombre de malades traités	900	400	

On en déduit le système d'inéquations des contraintes :

$$\begin{cases} x \geqslant 0 \\ y \geqslant 0 \\ 1\,000x + 500y \leqslant 8\,000 \\ 3x + y \leqslant 22 \end{cases}$$

qui s'écrit aussi :

$$\begin{cases} x \geqslant 0 \\ y \geqslant 0 \\ y \leqslant -\dfrac{1\,000}{500}x + \dfrac{8\,000}{500} \\ y \leqslant -3x + 22 \end{cases}$$

ou encore :

$$\begin{cases} x \geqslant 0 \\ y \geqslant 0 \\ y \leqslant -2x + 16 \\ y \leqslant -3x + 22 \end{cases}$$

2. Tableaux de valeurs des droites frontières.

(*d*) d'équation $y = -3x + 22$:

x	0	7
$-3x + 22$	22	1

(*d'*) d'équation $y = -2x + 16$:

x	0	8
$-2x + 16$	16	0

Les deux demi-plans solutions des deux dernières inéquations contiennent l'origine du repère car le couple (0 ; 0) est solution de ces inéquations.

D'où le graphique :

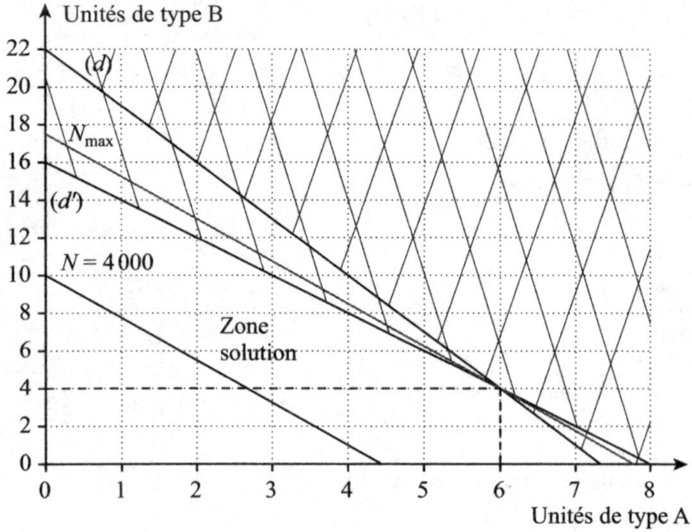

La zone solution du système est donc la portion de plan limitée par les deux axes et les deux droites (d) et (d'). Elle contient les bords.

3. a) Le nombre de malades pouvant être traités est donné par la formule :

$N = 900x + 400y.$

b) On trace sur le graphique précédent la droite d'équation :

$4\,000 = 900x + 400y$ soit $y = -\frac{900}{400}x + \frac{4\,000}{400}$,

ou encore $y = -2{,}25x + 10$.

Tableau de valeurs :

x	0	4
$-2{,}25x + 10$	10	1

4. a) On trace la parallèle à la droite (D), correspondant à $N = 4\ 000$, qui coupe la zone solution en interceptant l'axe des ordonnées le plus haut possible.

On constate graphiquement que N est maximum lorsque la parallèle passe par le point d'intersection des droites (d) et (d').

b) On lit les coordonnées du point d'intersection des droites (d) et (d') :

$x = 6$ et $y = 4$.

5 Il faut donc six unités de type A et quatre unités de type B pour traiter un maximum de malades.

$900 \times 6 + 400 \times 4 = 7\,000$.

Au maximum, 7 000 malades peuvent être soignés.

Sujet 22

Antilles, options mercatique, CFE *et* GSI, *exercice 2, septembre 2007*

Un restaurant d'une station balnéaire ouvre au début du printemps. Le gérant relève le nombre de repas servis chaque semaine. Les résultats des quatre premières semaines sont donnés dans le tableau suivant :

Rang de la semaine : x_i	1	2	3	4
Nombre de couverts : y_i	78	108	159	224

1. Représenter graphiquement, sur une feuille de papier millimétré, le nuage de points associé à la série statistique $(x_i\,;\,y_i)$. *On prendra 2 cm pour représenter 1 semaine sur l'axe des abscisses et 1 cm pour représenter 20 couverts sur l'axe des ordonnées.*

2. Soit D la droite d'ajustement affine de y en x par la méthode des moindres carrés.

a) Déterminer, à l'aide de la calculatrice, une équation de la droite D, de la forme $y = ax + b$.

b) Tracer D sur le graphique de la question 1.

c) Si l'on retient cet ajustement affine, calculer le nombre de couverts, arrondi à l'entier, prévisible pour la cinquième semaine.

3. L'allure du nuage de points précédent permet d'envisager un ajustement exponentiel.
On considère la fonction f définie sur l'intervalle $[1\,;+\infty[$ par :
$f(x) = 54 \times (1{,}43)^x$.

a) Recopier et compléter le tableau suivant avec les valeurs $f(x_i)$ arrondies à l'unité.

Rang de la semaine : x_i	1	2	3	4	5
$f(x_i)$					

b) Sur le graphique de la question 1, tracer la courbe représentative C de la fonction f sur l'intervalle $[1\,;5]$.

c) Si l'on retient cet ajustement exponentiel, quel nombre de couverts peut-on prévoir la cinquième semaine ?

4. Le restaurant a une capacité maximum de 810 couverts par semaine.

a) Résoudre, par le calcul, l'inéquation : $54 \times (1{,}43)^x \geqslant 810$.

b) Si la fréquentation du restaurant évolue suivant ce modèle exponentiel, quel est le rang de la semaine où le gérant commencera à refuser des clients ?

Corrigé

1. Voir la position des quatre points (1 ; 78), (2 ; 108), (3 ; 159) et (4 ; 224) sur la représentation graphique ci-après.

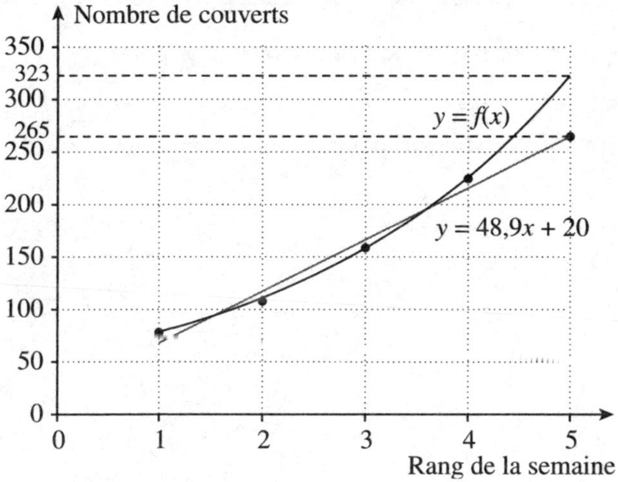

Ce graphique n'est pas à l'échelle.

2. a) On place la calculatrice en mode « Statistiques ». Puis, à l'aide de la fonction « Edit » on rentre en « Liste 1 » les rangs x_i et en « Liste 2 » le nombre de couverts y_i.

La fonction « Régression linéaire » permet d'afficher :

$a = 48{,}9$; $b = 20$.

La droite d'ajustement, par la méthode des moindres carrés, a donc pour équation :

$y = 48{,}9x + 20$.

b) Tableau de valeurs de D :

x	0	4
$48{,}9x + 20$	20	215,6

Voir le graphique de la question 1.

c) $48{,}9 \times 5 + 20 = 264{,}5$

La cinquième semaine, le restaurateur peut prévoir 265 couverts.

3. a) Tableau de valeurs de la fonction f :

Rang de la semaine x_i	1	2	3	4	5
$f(x_i)$	77	110	158	226	323

b) Voir la représentation graphique à la question 1.

c) $54 \times 1{,}43^5 = 322{,}904...$

Par cette méthode, la prévision pour la cinquième semaine est de 323 couverts.

4. a) Résolvons l'inéquation :

$$54 \times 1{,}43^x \geqslant 810$$

$$1{,}43^x \geqslant \frac{810}{54}$$

$$1{,}43^x \geqslant 15$$

$$\ln(1{,}43^x) \geqslant \ln 15$$

$$x \ln(1{,}43) \geqslant \ln 15$$

$$x \geqslant \frac{\ln 15}{\ln 1{,}43}$$

$x \geqslant 7{,}57$ au centième près.

$S = [7{,}57 ; +\infty[$.

b) C'est donc à partir de la huitième semaine que le gérant du restaurant pourrait refuser des clients.

Sujet 23

Polynésie, option CGRH, *exercice 1, juin 2008*

On a relevé le prix trimestriel, en dollars, de la tonne de blé sur le marché mondial du 1er trimestre 2005 au 2e trimestre 2007. Les prix ont été insérés dans la feuille de calcul ci-après.

	A	B	C
1	Trimestre	Rang x_i	Prix y_i en dollars par tonne
2	1er - 2005	1	116,1
3	2e - 2005	2	117,7
4	3e - 2005	3	120,0
5	4e - 2005	4	118,3
6	1er - 2006	5	129,7
7	2e - 2006	6	138,0
8	3e - 2006	7	145,5
9	4e - 2006	8	182,6
10	1er - 2007	9	171,6
11	2e - 2007	10	189
12	3e - 2007	11	
13	4e - 2007	12	
14	1er - 2008	13	
15	2e - 2008	14	
16	3e - 2008	15	
17	4e - 2008	16	

Source INSEE.

Partie A

1. Calculer le taux d'évolution du prix du blé du 1er trimestre 2005 au 2e trimestre 2005.

2. a) Calculer le taux d'évolution global du prix du blé entre le 1er trimestre 2005 et le 2e trimestre 2007.

b) En déduire le taux d'évolution trimestriel moyen sur cette période.

Partie B

On a représenté ci-après, par un nuage de points, la série statistique double des rangs x_i des trimestres et des prix y_i du blé.

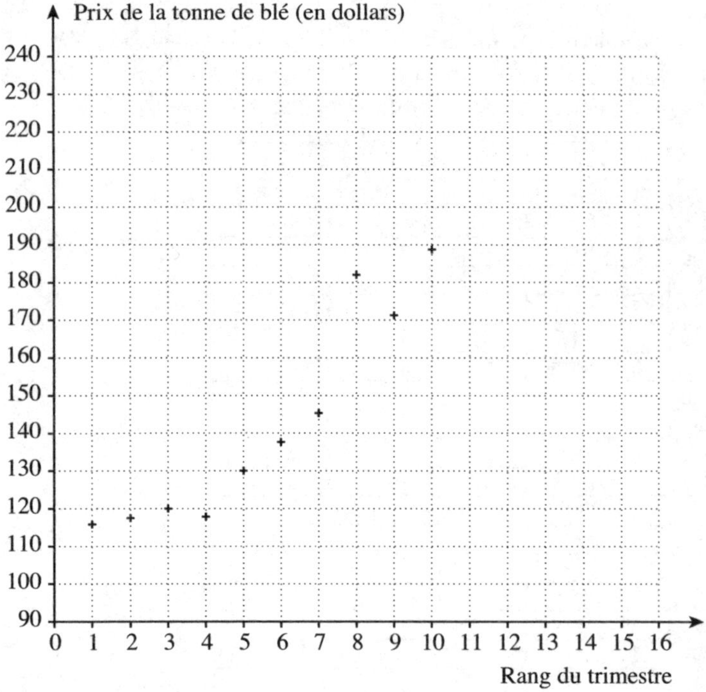

1. À l'aide de la calculatrice déterminer, par la méthode des moindres carrés, une équation de la droite de régression de y en x sous la forme $y = ax + b$, on arrondira les coefficients a et b à 0,01 près.

2. On décide d'ajuster le nuage avec la droite D d'équation $y = 8{,}7x + 95$.
Tracer D sur le repère précédent.

3. En utilisant cette droite, estimer graphiquement le prix du blé en dollars par tonne au 4e trimestre 2008.
Faire apparaître sur le graphique les tracés utiles.

Partie C

1. Si l'on admet que le prix du blé augmente de 5 % par trimestre après le 2e trimestre 2007, quelle formule, à recopier vers le bas, faut-il placer en cellule C12 pour obtenir les prix au-delà du 2e trimestre 2007 ?

2. a) Calculer la valeur contenue dans la cellule C12.

b) Calculer la valeur contenue dans la cellule C17.

Corrigé

Partie A

1. On applique la formule du taux d'évolution : $t = \dfrac{V_1 - V_0}{V_0} \times 100$.

$t = \dfrac{117{,}7 - 116{,}1}{116{,}1} \times 100 = 1{,}378\,12...$, soit 1,38 % au centième près.

2. a) De même :

$t = \dfrac{189 - 116{,}1}{116{,}1} \times 100 = 62{,}790\,69...$, soit 62,79 % au centième près.

b) $10 - 1 = 9$. Il y a donc 9 trimestres écoulés entre le 1er trimestre 2005 et le 2e trimestre 2007.

Si t est le taux trimestriel moyen alors :

$(1 + t)^9 \approx 1{,}627\,907$

$1 + t \approx (1{,}627\,907)^{\frac{1}{9}}$

$1 + t \approx 1{,}055\,636$

$t \approx 0{,}055\,636$, soit un taux trimestriel équivalent de 5,56 % au centième près.

Partie B

1. Sur la calculatrice, on entre en « Liste 1 » les rangs des trimestres et en « Liste 2 » les prix.

En appliquant la fonction « linreg » on obtient :

$a = 8{,}70$ et $b = 94{,}97$.

2. Tableau de valeurs :

x	1	10
$8{,}7x + 95$	103,7	182

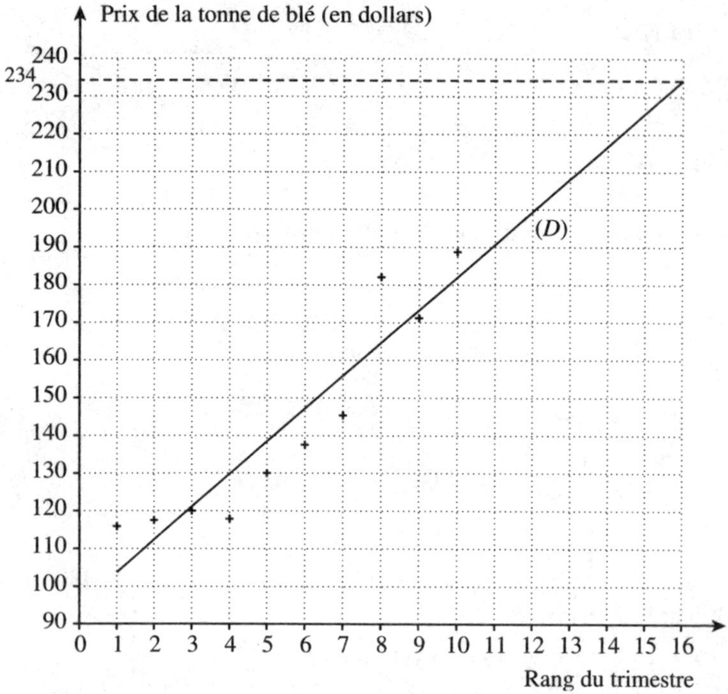

3. Voir la représentation graphique ci-dessus.

Le 4e trimestre 2008 a le rang 16.

À cette date, on peut estimer que le prix de la tonne de blé serait de 234 dollars.

Partie C

1. En C12, on écrit : =C1*1,05.

2. a) $189 \times 1{,}05 = 198{,}45$.
En C12, on lit : 198,45.

b) Comme $17 - 11 = 6$, alors $189 \times 1{,}05^6 = 253{,}28$.
En C17, on lit 253,28.

Sujet 24

Sujet national, options mercatique, CFE *et* GSI, *exercice 4, juin 2008*

Une entreprise a acheté une machine en 2000 pour une valeur de 50 000 € et a noté la valeur de cette machine sur le marché de l'occasion jusqu'en 2005.

Les résultats sont notés dans le tableau suivant :

Année	2000	2001	2002	2003	2004	2005
Rang de l'année x_i	0	1	2	3	4	5
Valeur de la machine (en €) y_i	50 000	42 000	36 000	32 000	26 500	22 000

Partie A

Une représentation du nuage de points $(x_i\,;\,y_i)$ est donnée ci-après.

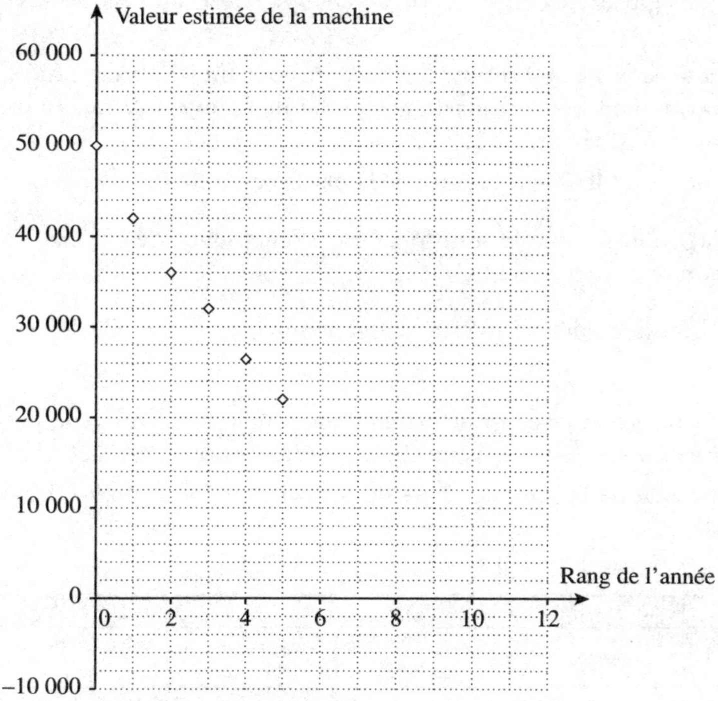

1. À l'aide de la calculatrice, déterminer une équation de la droite d'ajustement de y en x, obtenue par la méthode des moindres carrés (arrondir les coefficients à l'unité).

Pour l'étude qui suit, on retient comme ajustement affine la droite Δ d'équation $y = -\,5\,440x + 48\,400$.

2. Tracer la droite Δ sur le graphique précédent.

3. En supposant que ce modèle reste valable pour les cinq années à venir, prévoir une estimation de la valeur de cette machine en 2007, puis en 2010.

4. Commenter le dernier résultat.

Partie B

Le service comptable de cette entreprise remarque que pendant les années 2000 à 2005 la machine s'est dépréciée d'environ 15 % par an. Il suppose alors qu'à partir de 2005 la baisse annuelle sera de 15 %.

Il pose $v_0 = 22\,000$ et note (v_n) la suite donnant la valeur estimée, selon ce modèle, de la machine au bout de n années de fonctionnement à partir de 2005.

Ainsi, v_1 est la valeur estimée de la machine en 2006.

1. a) Montrer que la suite (v_n) est géométrique ; déterminer sa raison.

b) Montrer que, pour tout entier naturel n, $v_n = 22\,000 \times (0{,}85)^n$.

2. Le tableau suivant est un extrait d'une feuille de calculs. Il donne la valeur estimée v_n de la machine pour les années 2005 à 2011.

Le format de la colonne D est un format numérique à zéro décimale.

	A	B	C	D
1	Année	Valeur réelle de la machine	Rang de l'année à partir de 2005	Valeur estimée de la machine
2	2000	50 000		
3	2001	42 000		
4	2002	36 000		
5	2003	32 000		
6	2004	26 500		
7	2005	22 000	0	22 000
8	2006		1	18 700
9	2007		2	15 895
10	2008		3	13 511
11	2009		4	11 484
12	2010		5	9 762
13	2011		6	8 297

Donner une formule qui, entrée dans la cellule D8, permet, par recopie vers le bas, d'obtenir la plage de cellules D8:D13.

3. *Dans cette question, toute trace de recherche, même incomplète, ou d'initiative même non fructueuse, sera prise en compte dans l'évaluation.*

Selon ce modèle, à partir de quelle année la machine aura-t-elle une valeur inférieure à 5 000 €?

Corrigé

Partie A

1. Sur la calculatrice on entre en « Liste 1 » le rang de l'année et en « Liste 2 » les valeurs de la machine. On applique ensuite au tableau obtenu la fonction « Linreg ».

On lit alors :

$a = -5\,442{,}85$ et $b = 48\,357{,}1$.

Soit $y = -5\,443x + 48\,357$ (en arrondissant les coefficients à l'unité près).

2. Tableau de valeurs :

x	0	5
$-5\,440x + 48\,400$	48 357	21 200

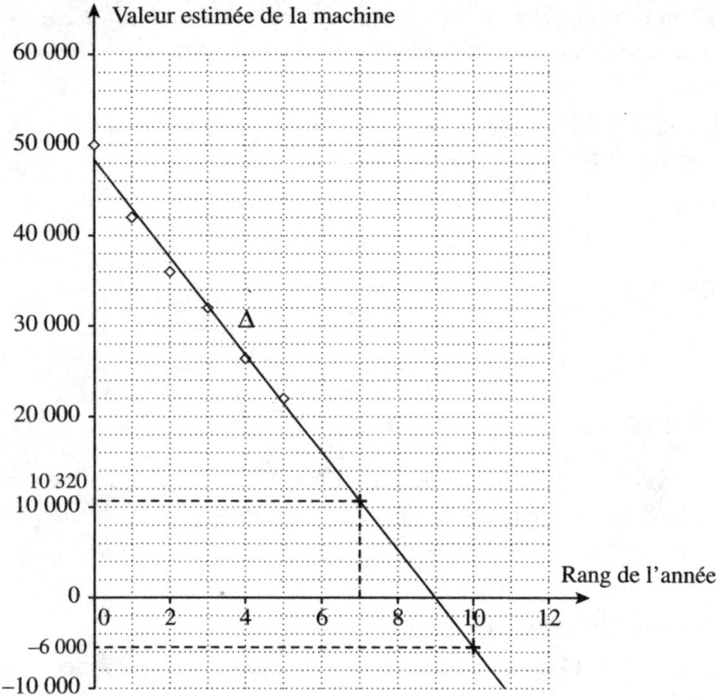

3. L'année 2007 a le rang 7.

$-5\ 440 \times 7 + 48\ 400 = 10\ 320$ €.

En 2007 la valeur de la machine serait de 10 320 euros.

L'année 2010 a le rang 10.

$-5\ 440 \times 10 + 48\ 400 = -6\ 000$ €.

En 2010 la machine n'aurait donc plus de valeur marchande.

4. Le modèle n'est pas valable pour 2010 car on obtient une valeur marchande négative.

Il faudrait utiliser un modèle pour lequel la valeur marchande s'approche de 0, sans jamais l'atteindre.

Partie B

1. a) La suite (v_n) est géométrique car on passe d'un terme au suivant en multipliant par le même nombre :

$$1 - \frac{15}{100} = 0{,}85.$$

La raison est donc 0,85.

La relation de récurrence s'écrit : $v_{n+1} = v_n \times 0{,}85$.

b) Le terme général d'une suite géométrique est de la forme $v_n = v_0 \times q^n$.

Soit $v_n = 22\,000 \times (0{,}85)^n$.

2. En D8 on écrit : =D7*0,85.

3. On résout l'inéquation $22\,000 \times (0{,}85)^n \leqslant 5\,000$.

Soit $(0{,}85)^n \leqslant \dfrac{5\,000}{22\,000}$ ou $(0{,}85)^n \leqslant 0{,}227\,3$.

Comme la fonction ln est croissante elle conserve l'ordre, alors :

$\ln(0{,}85)^n \leqslant \ln(0{,}227\,3)$.

D'où $n \ln 0{,}85 \leqslant \ln 0{,}227\,3$.

Comme 0 < 0,85 < 1, on a ln(0,85)<0.

D'où $n \geqslant \dfrac{\ln(0{,}227\,3)}{\ln(0{,}85)}$ ou $n \geqslant 9{,}12$.

C'est donc au bout de 10 ans que la machine aura une valeur inférieure à 5 000 euros.

2005 + 10 = 2015.

Soit à partir de 2015.

Sujet 25

Antilles, options mercatique, CFE *et* GSI, *exercice 2, septembre 2008*

L'évolution des ventes d'un produit fabriqué par une entreprise est donnée dans le tableau suivant :

Année	**1999**	**2000**	**2001**	**2002**
Rang de l'année x_i	0	1	2	3
Ventes y_i (en millions d'unités)	200	202	213	225

Année	**2003**	**2004**	**2005**	**2006**
Rang de l'année x_i	4	5	6	7
Ventes y_i (en millions d'unités)	233	241	247	252

Partie A

1. Représenter graphiquement le nuage de points $\mathrm{M}_i\ (x_i\ ;\ y_i)$ dans un repère orthogonal d'unités graphiques :

1 cm pour une année sur l'axe des abscisses ;

1 cm pour 10 millions sur l'axe des ordonnées (graduer l'axe des ordonnées à partir de 190).

2. Déterminer les coordonnées du point moyen G de ce nuage de points. Placer G dans le repère précédent.

On cherche à faire une prévision pour l'année 2009. Dans ce but, on propose deux modèles.

Partie B. Modèle affine

1. Déterminer, à l'aide d'une calculatrice, une équation de la droite D d'ajustement de y en x par la méthode des moindres carrés (on arrondira les coefficients à l'unité).

2. Tracer cette droite dans le repère précédent.

Partie C. Modèle exponentiel

Soit f la fonction définie sur l'intervalle [0 ; 10] par :
$f(x) = 199\mathrm{e}^{0{,}04x}$.

1. Quel est le sens de variation de f sur l'intervalle [0 ; 10] ? Justifier la réponse.

2. Recopier et compléter le tableau ci-dessous (on arrondira à l'unité) :

x	0	1	2	3	4	5	6	7	8	9	10
$f(x)$			216								

3. Tracer la courbe C représentative de la fonction f dans le repère précédent.

Partie D

Indiquer pour chacun des deux modèles, les prévisions que l'on peut effectuer sur le nombre de ventes du produit durant l'année 2009.

Corrigé

Partie A

1. Voir la représentation graphique ci-après.

2. Les coordonnées de G sont :

$$\mathrm{G}\left(\frac{\sum x_i}{n}\,;\,\frac{\sum y_i}{n}\right)$$

$$\mathrm{G}\left(\frac{0+1+\ldots+7}{8}\,;\,\frac{200+202+\ldots+252}{8}\right)$$

G (3,5 ; 226,625).

Partie B. Modèle affine

1. On écrit en *Liste 1* les valeurs de x_i et en *Liste 2* les valeurs de y_i. En appliquant la fonction Linreg($ax + b$), on obtient :
$y = 8x + 198.$

2. Tableau de valeurs :

x	0	10
$8x + 198$	198	278

Représentation graphique :

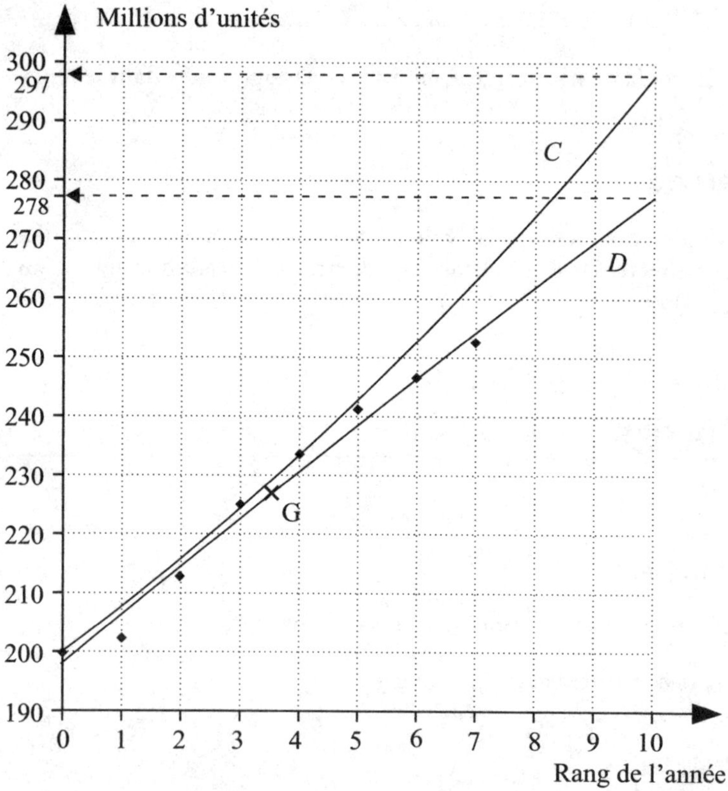

Partie C. Modèle exponentiel

1. On calcule la dérivée de f pour tout x de $[0\,;\,10]$:

$f'(x) = 199 \times 0{,}04\mathrm{e}^{0{,}04x}$

$f'(x) = 7{,}96\mathrm{e}^{0{,}04x}$.

Comme l'exponentielle est strictement positive, la dérivée f' est strictement positive et la fonction f est strictement croissante sur l'intervalle $[0\,;\,10]$.

2. Tableau de valeurs :

x	0	1	2	3	4	5	6	7	8	9	10
$f(x)$	199	207	216	224	234	243	253	263	274	285	297

3. Voir la représentation graphique précédente.

Partie D

Le rang de l'année 2009 est $x = 2009 - 1999 = 10$.

D'après le tableau de valeurs de la partie B, le modèle affine permet d'espérer 278 millions de ventes pour 2009.

D'après le tableau de valeurs de la partie C, le modèle exponentiel permet d'en espérer 297 millions.

Sujet 26

Sujet national, option CGRH, *exercice 2, juin 2009*

Une entreprise fabriquant des montures de lunettes veut créer un nouveau modèle. Pour choisir les matériaux à utiliser, elle mène une enquête auprès de porteurs de lunettes, en proposant dix prix différents. Les résultats sont reportés dans le tableau suivant :

Prix de vente proposé pour la monture (en €), x_i	240	320	400	480	560	640	720	800
Nombre de personnes disposées à acheter à ce prix, y_i	402	390	340	230	210	130	70	60

1. Représenter graphiquement le nuage de points $(x_i\,;\,y_i)$ dans un repère, sur du papier millimétré.

On prendra pour unités : 1 cm pour 50 € sur l'axe des abscisses et 1 cm pour 50 personnes sur l'axe des ordonnées.

2. Calculer les coordonnées du point moyen G de ce nuage de points.

3. On donne le point A de coordonnées (260 ; 409). Placer les points A et G sur le graphique, puis tracer la droite (AG).

4. On admet que la droite (AG) constitue un ajustement convenable du nuage de points précédent. Vérifier que la droite (AG) a pour équation : $y = -\dfrac{9}{13}x + 589$.

Pour la suite, on utilisera : $y = -0{,}7x + 589$, le coefficient de x étant arrondi au dixième.

5. En utilisant l'ajustement précédent, calculer une estimation du nombre de montures vendues en proposant un prix de vente de 500 euros.

6. *Dans cette question 6, toute trace de recherche, même incomplète, ou d'initiative même non fructueuse, sera prise en compte dans l'évaluation.*

Les frais de fabrication sont de 150 € par monture et les frais fixes (indépendants du nombre de montures vendues) sont de 10 000 €.

Pour x appartenant à l'intervalle [240 ; 800], on note $B(x)$ le bénéfice dégagé par la vente de y montures au prix unitaire de x euros.

a) Montrer que $B(x) = -0{,}7x^2 + 694x - 98\,350$.

b) Pour x appartenant à [240 ; 800], on considère la fonction B qui à x associe $B(x)$. Déterminer la fonction dérivée B' de B sur [240 ; 800].

c) En déduire les variations de la fonction B, pour x appartenant à l'intervalle [240 ; 800], puis le prix de vente de la monture (arrondi au centime) pour lequel le bénéfice $B(x)$ est maximal.

Corrigé

1. Voir la représentation graphique à la question **3.**

2. Les coordonnées du point moyen du nuage sont : $\mathrm{G}\left(\dfrac{\sum x_i}{n} ; \dfrac{\sum y_i}{n}\right)$.

Soit :

$$\begin{cases} x_{\mathrm{G}} = \dfrac{240 + 320 + \ldots + 800}{8} \\ y_{\mathrm{G}} = \dfrac{402 + 390 + \ldots + 60}{8} \end{cases}$$

$$\begin{cases} x_{\mathrm{G}} = 520 \\ y_{\mathrm{G}} = 229 \end{cases}$$

3. Représentation graphique :

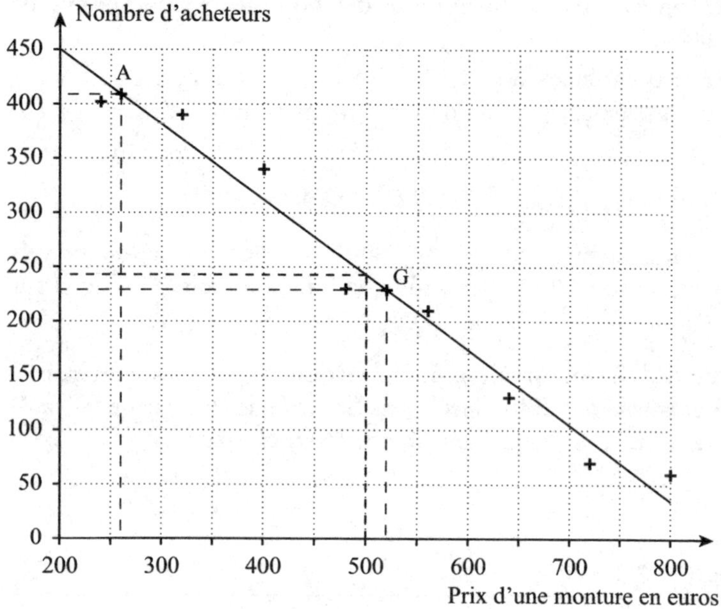

4. On vérifie que les coordonnées des points A et G vérifient bien l'équation $y = -\dfrac{9}{13}x + 589$.

Pour A, on a : $-\dfrac{9}{13} \times 260 + 589 = -180 + 589 = 409$;

Pour G, on a : $-\dfrac{9}{13} \times 520 + 589 = -360 + 589 = 229$.

Donc la droite (AG) a bien pour équation $y = -\dfrac{9}{13}x + 589$.

5. $-0{,}7 \times 500 + 589 = 239$ montures.

Pour un prix de vente unitaire de 500 euros, on peut espérer commercialiser 239 montures.

6. a) Bénéfice = Recette − Coût.

D'où $B(x) = y \times x - (150y + 10\,000)$.

On remplace y par $-0{,}7x + 589$ et on développe :

$B(x) = -0{,}7x^2 + 589x + 105x - 88\,350 - 10\,000$

$B(x) = -0{,}7x^2 + 694x - 98\,350$.

b) La dérivée B' de la fonction B est telle que :
$B'(x) = -0{,}7 \times 2x + 694$;
$B'(x) = -1{,}4x + 694$.

c) On résout l'inéquation $B'(x) < 0$:
$-1{,}4x + 694 < 0$
$694 < 1{,}4x$
$x > \dfrac{694}{1{,}4}$
$x > 495{,}71$ (au centième près).
La dérivée B' est négative pour $x > 495{,}71$ et positive pour tout $x < 495{,}71$.
Tableau de variations de B :

Valeurs de x	240		495,71		800
Signe de $B'(x)$		+	0	–	
Variations de B	27 890	↗	73 662,86	↘	8 850

Pour un prix unitaire de 495,71 euros on obtient un bénéfice maximal de 73 662,86 euros.

Sujet 27

Sujet national, options mercatique, CFE et GSI, exercice 2, juin 2009

Le tableau suivant retrace l'évolution sur une vingtaine d'années du record du monde de natation à l'épreuve du 100 mètres nage libre hommes.

	Année	Rang de l'année x_i	Temps en secondes y_i
Rowdy Gaines	1981	1	49,36
Matt Biondi	1985	5	48,95
Matt Biondi	1986	6	48,74
Matt Biondi	1988	8	48,42
Alexander Popov	1994	14	48,21
Pieter Van Hoogenband	2000	20	47,84

Source : site officiel du mouvement olympique.

Une représentation du nuage de points $(x_i\,;\,y_i)$ est donnée en annexe à la fin de l'énoncé (à rendre avec la copie).

1. a) À l'aide de la calculatrice, déterminer une équation de la droite d'ajustement affine de y en x obtenue par la méthode des moindres carrés (arrondir les coefficients au millième).

Pour l'étude qui suit, on retient comme ajustement affine la droite $\mathcal{D}$ d'équation $y = -0{,}08x + 49{,}2$.

b) Tracer la droite $\mathcal{D}$ sur le graphique de l'annexe.

c) En utilisant ce modèle d'ajustement, donner une estimation du temps du record du monde à l'épreuve du 100 mètres nage libre hommes en 2008.

2. a) Calculer le taux d'évolution du temps du record du monde à l'épreuve du 100 mètres nage libre hommes entre 1981 et 2000 (arrondir le résultat à 0,01 %).

b) Sur les vingt années de 1981 à 2000, le temps du record du monde à l'épreuve du 100 mètres nage libre hommes a été amélioré chaque année en moyenne de 0,164 %.

Expliquer comment obtenir ce résultat.

c) On suppose qu'à partir de l'année 2000 l'évolution va se poursuivre sur le même rythme, c'est-à-dire que chaque année le temps de ce record baissera de 0,164 %.

Calculer, selon ce modèle, une estimation du temps du record du monde à l'épreuve du 100 mètres nage libre hommes en 2008.

3. Pendant les jeux olympiques de Pékin, lors de l'été 2008, Eamon Sullivan a abaissé le temps du record à 47,05 secondes.

Parmi les deux modèles précédents, indiquer celui qui donne la meilleure approximation.

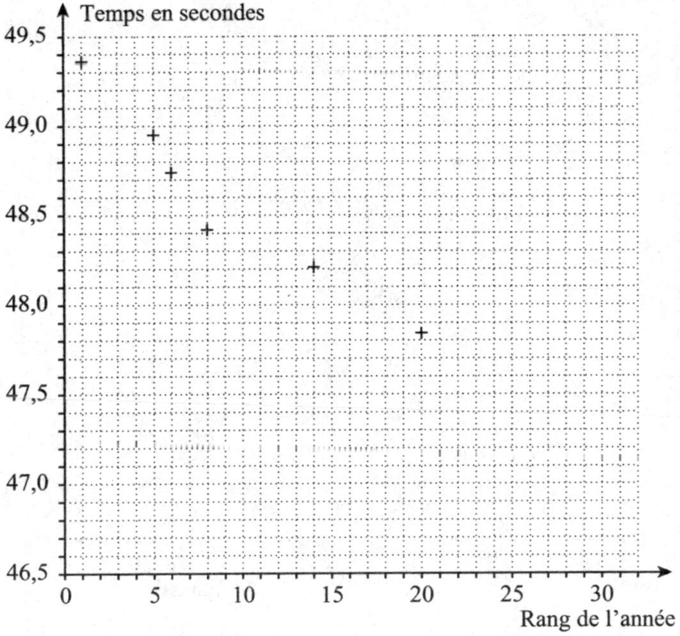

Corrigé

1. a) Dans le menu Statistiques de la calculatrice, on place en Liste 1 les valcurs de x_i et en Liste 2 les valeurs de y_i. En appliquant la fonction Linreg(ax + b), on obtient :

$a \approx -0{,}076$ et $b \approx 49{,}274$.

Soit l'équation : $y = -0{,}076\,x + 49{,}274$.

b) Tableau de valeurs :

x	0	30
$-0{,}08x + 49{,}2$	49,2	46,8

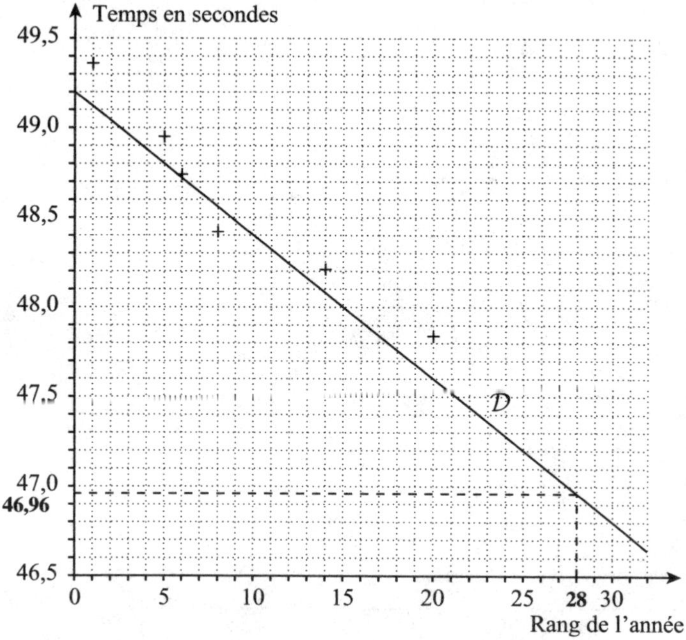

c) $2\,008 - 1\,980 = 28$, donc l'année 2008 a le rang 28.

$-0{,}08 \times 28 + 49{,}2 = 46{,}96$ s.

On peut estimer qu'en 2008, le temps du record du monde serait de 46,96 secondes.

2. a) Taux d'évolution entre 1981 et 2000 :

$$\frac{47{,}84 - 49{,}36}{49{,}36} \times 100 \approx -3{,}08\,\%.$$

b) Entre 1981 et 2000, il y a l'équivalent de 19 baisses annuelles identiques.

Si t est le taux moyen annuel de baisse, alors :

$$(1-t)^{19} = 1 - \frac{3{,}08}{100}$$

$$(1-t)^{19} = 0{,}9692$$

$$1 - t = 0{,}969\,2^{\frac{1}{19}}$$

$$1 - t \approx 0{,}998\,36$$

$$t \approx 1 - 0{,}998\,36$$

$t \approx 0{,}001\,64$, soit 0,164 %.

c) $47{,}84\left(1 - \dfrac{0{,}164}{100}\right)^8 = 47{,}22$ s.

Par cette méthode, le record du monde serait de 47,22 secondes en 2008.

3. On calcule les écarts :

$47{,}05 - 46{,}96 = 0{,}09$;

$47{,}22 - 47{,}05 = 0{,}17$.

Le premier modèle donne donc une meilleure approximation.

Sujet 28

Nouvelle-Calédonie, option CGRH, *exercice 3, novembre 2007*

Une coopérative désire optimiser la production de son unité de tri de pommes.

Ce tri consiste à écarter les pommes avariées de l'ensemble des pommes.

On désigne par x le nombre de centaines de pommes triées par heure. On suppose que le nombre de pommes avariées non écartées à l'issue du tri est une fonction de x notée f, telle que :

$f(x) = x^2 - 84x + 1\,872$

lorsque x appartient à l'intervalle $[42\,;\,50]$.

1. a) On désigne par f' la fonction dérivée de la fonction f. Déterminer $f'(x)$.

b) Étudier le signe de $f'(x)$ et en déduire les variations de f sur l'intervalle $[42\,;\,50]$.

2. Recopier et compléter le tableau de valeurs suivant :

x	42	43	44	45	47	50
$f(x)$	108	109				

3. Tracer la courbe représentative de la fonction f dans le plan muni d'un repère orthogonal (unités graphiques : 1 cm pour 100 pommes en abscisse à partir de 42 ; 1 cm pour 10 pommes en ordonnée à partir de 100).

4. La coopérative estime que le tri est satisfaisant si la part des pommes avariées parmi celles acceptées lors du tri n'excède pas 3 %.

a) Justifier que le nombre $f(x)$ doit être inférieur ou égal à $3x$.

b) Sur le repère précédent, tracer la droite d'équation $y = 3x$.

c) En utilisant le graphique, déterminer le nombre maximal de pommes à trier par heure pour lequel le tri reste satisfaisant.

Corrigé

1. a) On a : $f'(x) = 2x - 84$.

b) Résolvons par exemple : $2x - 84 \geqslant 0$.

$2x - 84 \geqslant 0$ équivaut à $2x \geqslant 84$, soit $x \geqslant 42$.

Donc, pour $x \geqslant 42$, la dérivée est positive.

La fonction est alors croissante sur l'intervalle [42 ; 50].

2. Complétons le tableau de valeurs :

x	42	43	44	45	47	50
$f(x)$	108	109	112	117	133	172

3. Représentation graphique :

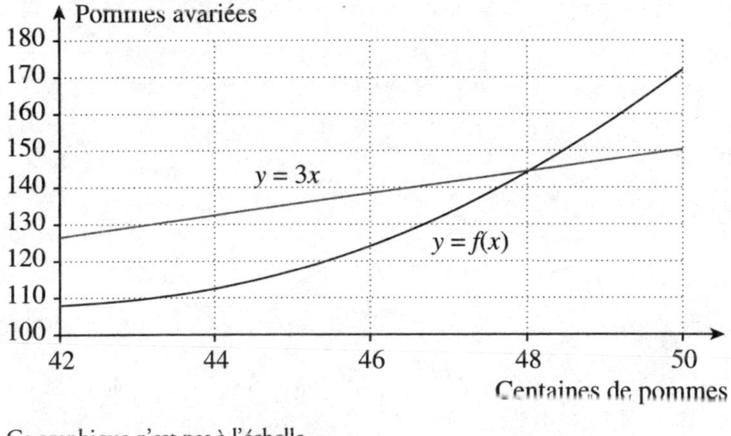

Ce graphique n'est pas à l'échelle.

4. a) Pour x centaines de pommes, le nombre maximum de pommes avariées est donné par :

$$x \times 100 \times \frac{3}{100} = 3x.$$

La contrainte se traduit donc par l'inégalité :

$f(x) \leqslant 3x$.

b) Tableau de valeurs :

x	42	50
$3x$	126	150

Voir la représentation graphique précédente.

c) Sur la représentation graphique, on observe que la droite d'équation $y = 3x$ est au-dessus de la parabole d'équation $y = f(x)$ sur l'intervalle [42 ; 48].

Vérifions, à l'aide de la calculatrice, l'abscisse de leur point d'intersection :

$f(48) = 144$;

$3 \times 48 = 144$.

On en déduit que la contrainte est satisfaite jusqu'à 4 800 pommes.

Sujet 29

Inde, options mercatique, CFE *et* GSI, *exercice 4, avril 2008*

Partie A

On considère la fonction f définie sur l'intervalle $[0\,;\,15]$ par : $f(x) = 2\ln(x+1) + 1$.

1. On désigne par f' la fonction dérivée de f sur l'intervalle $[0\,;\,15]$.

a) Calculer $f'(x)$ et étudier son signe sur l'intervalle $[0\,;\,15]$.

b) Établir le tableau de variation de f sur l'intervalle $[0\,;\,15]$.

2. Recopier et compléter le tableau de valeurs ci-après (arrondir au dixième) :

x	0	1	2	3	4	5	6	7
$f(x)$			3,2		4,2	4,6	4,9	5,2

x	8	9	10	11	12	13	14	15
$f(x)$			5,8		6,1	6,3		

3. Tracer la courbe C représentative de la fonction f dans un repère orthonormal (unité : 1 cm).

4. Soit (D) la droite d'équation $y = 0{,}8x$. Tracer la droite (D) dans le repère précédent.

Partie B

Une entreprise fabrique des pièces pour avions. On note x le nombre de pièces fabriquées par mois ($0 \leqslant x \leqslant 15$).

Chaque mois, les coûts de production, exprimés en milliers d'euros, sont donnés par : $f(x) = 2\ln(x+1) + 1$.

Le prix de vente d'une pièce est 0,8 millier d'euros.

1. Si l'entreprise vend x pièces, déterminer la recette exprimée en milliers d'euros.

2. Vérifier que le bénéfice mensuel est : $B(x) = 0{,}8x - 1 - 2\ln(x+1)$.

3. Calculer une valeur approchée de $B(3)$ et $B(14)$, puis préciser pour chacun de ces cas si l'entreprise est bénéficiaire.

4. En justifiant graphiquement la réponse, donner le nombre minimal de pièces qu'il faut fabriquer et vendre pour que l'entreprise soit bénéficiaire.

Corrigé

Partie A

1. a) On a :

$$f'(x) = 2 \times \frac{1}{x+1}$$

$$f'(x) = \frac{2}{x+1}.$$

Sur l'intervalle [0 ; 15], le numérateur et le dénominateur sont positifs, donc la dérivée est positive.

b) On en déduit le tableau de variation de f :

x	0	15
f'	+	
f	1 ↗	$2\ln 16 + 1$

2. Tableau de valeurs :

x	0	1	2	3	4	5	6	7
$f(x)$	1	2,4	3,2	3,8	4,2	4,6	4,9	5,2

x	8	9	10	11	12	13	14	15
$f(x)$	5,4	5,6	5,8	6,0	6,1	6,3	6,4	6,5

3. et 4. Représentation graphique.

Tableau de valeurs pour la droite (D) :

x	0	8
$0{,}8x$	0	6,4

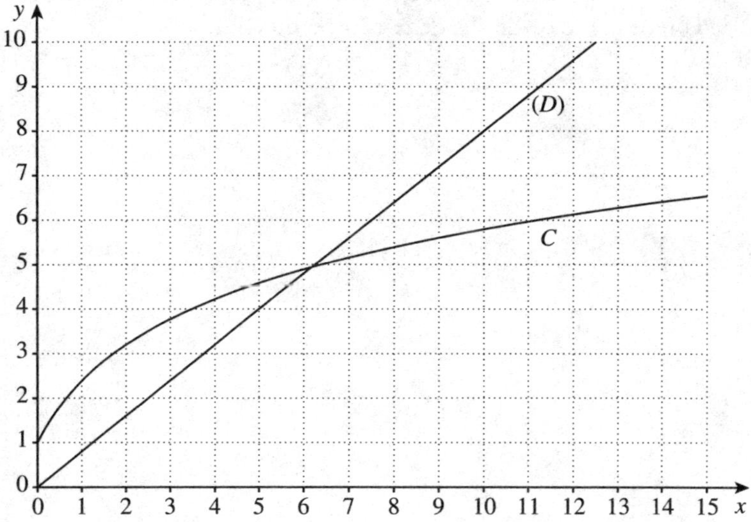

Partie B

1. On a :

Recette = Prix unitaire × Nombre de pièces.

Donc $R(x) = 0{,}8x$ (en milliers d'euros).

2. On a :

Bénéfice = Recette – Coût.

Donc $B(x) = 0{,}8x - (2\ln(x+1) + 1)$.

Soit $B(x) = 0{,}8x - 2\ln(x+1) - 1$ ou $B(x) = 0{,}8x - 1 - 2\ln(x+1)$.

3. On a :

$B(3) = 0{,}8 \times 3 - 1 - 2 \ln 4.$

$B(3) \approx -1{,}373.$

L'entreprise n'est pas rentable car on a une perte de 1 373 €.

$B(14) = 0{,}8 \times 14 - 1 - 2 \ln 15.$

$B(14) \approx 4{,}784.$

L'entreprise est bénéficiaire car il y a un gain de 4 784 euros.

4. L'entreprise est bénéficiaire à partir de 7 pièces, car alors la droite de la recette est au-dessus de la courbe du coût.

Sujet 30

Polynésie, options mercatique, CFE *et* GSI, *exercice 4, juin 2008*

Une entreprise de maroquinerie fabrique des sacs.

On désigne par x, le nombre de centaines de sacs fabriqués par jour dans l'entreprise. Le coût de fabrication de x centaines de sacs, exprimé en centaines d'euros, est donné par :

$C(x) = 2x + e^{0,5x}$.

Chaque sac est vendu 10 euros, on note $R(x)$ la recette, exprimée en centaines d'euros, correspondant à la vente de x centaines de sacs.

$R(x) = 10x$.

Partie A. Lecture graphique

Voici les représentations graphiques des fonctions C et R :

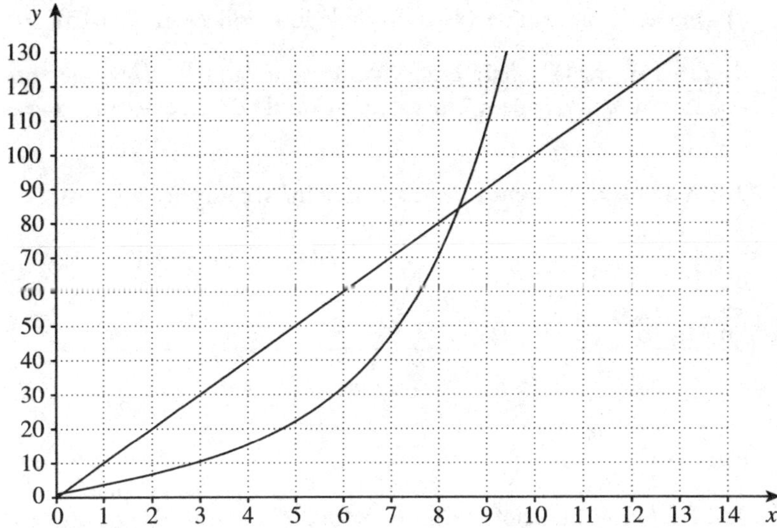

1. Parmi ces deux représentations graphiques, quelle est celle de la fonction R?

2. À l'aide du graphique, recopier et compléter le tableau suivant :

x			8
$C(x)$	10		
$R(x)$		40	

3. Arrondi à la centaine de sacs, combien de centaines de sacs faut-il fabriquer pour que l'entreprise soit certaine d'être bénéficiaire ?

Partie B

On note $B(x)$ le bénéfice journalier, exprimé en centaines d'euros, réalisé par l'entreprise.

1. Montrer que $B(x) = 8x - \mathrm{e}^{0,5x}$.

2. a) Calculer $B'(x)$. La notation B' désigne la fonction dérivée de la fonction B.

b) Montrer que dans $[0\,;\,15]$, résoudre $B'(x) \leqslant 0$ revient à résoudre l'inéquation $\mathrm{e}^{0,5x} \geqslant 16$.

c) Dresser le tableau de variation de la fonction B sur $[0\,;\,15]$.

d) En déduire la valeur exacte de x pour laquelle B admet un maximum. On donnera une valeur arrondie de cette valeur exacte à 10^{-2}.

3. En déduire la valeur maximale du bénéfice arrondi à l'euro.

Corrigé

Partie A

1. R est une fonction linéaire. Sa représentation graphique est donc la droite qui passe par l'origine.

2. On lit sur le graphique :

x	2,9	4	8
$C(x)$	10	15,4	70,1
$R(x)$	29	40	80

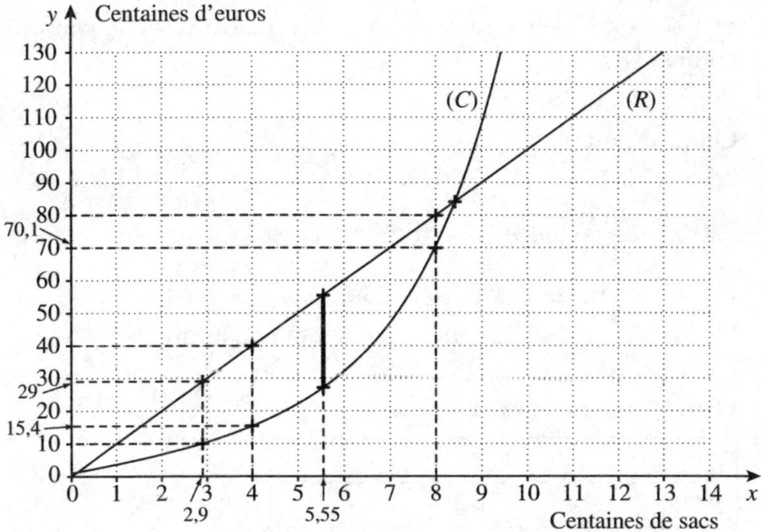

3. L'entreprise est bénéficiaire lorsque la droite de la recette est au-dessus de la courbe du coût. C'est-à-dire pour les valeurs de x supérieures à l'abscisse de leur point d'intersection. L'abscisse de ce point est comprise entre 8 et 9 centaines de sacs.

Il faut donc 9 centaines de sacs, en arrondissant à la centaine supérieure, pour que l'entreprise soit bénéficiaire.

Partie B

1. On sait que :

Bénéfice = Recette – Coût.

Donc :

$B(x) = 10x - (2x + \mathrm{e}^{0,5x})$

$B(x) = 10x - 2x - \mathrm{e}^{0,5x}$

$B(x) = 8x - \mathrm{e}^{0,5x}$.

2. a) Comme $(\mathrm{e}^u)' = \mathrm{e}^u \times u'$, alors $B'(x) = 8 - 0{,}5\mathrm{e}^{0,5x}$.

b) $B'(x) \leqslant 0$ équivaut à $8 - 0{,}5\mathrm{e}^{0,5x} \leqslant 0$ soit $-0{,}5\mathrm{e}^{0,5x} \leqslant -8$ ou $\mathrm{e}^{0,5x} \geqslant \dfrac{-8}{-0{,}5}$.

D'où $\mathrm{e}^{0,5x} \geqslant 16$.

c) Comme la fonction logarithme est croissante, elle conserve l'ordre, d'où :

$\ln \mathrm{e}^{0,5x} \geqslant \ln 16$.

On en déduit :

$0{,}5x \geqslant \ln\ 16$.

Soit $x \geqslant \dfrac{\ln 16}{0{,}5}$ ou $x \geqslant 2 \ln 16$.

D'où $x \geqslant \ln 16^2$, ou $x \geqslant \ln 256$.

La dérivée est donc négative pour $x \geqslant \ln 256$ (soit 5,55 au centième près).

D'où le tableau de variation de B :

x	0		$\ln 256$		15
$B'(x)$		+	0	–	
$B(x)$	–1	↗	28,36	↘	–1 688

d) B admet donc un maximum pour $x = \ln 256$. Soit 5,55 au centième près.

3. On a : $B(\ln 256) = 8 \times \ln 256 - \mathrm{e}^{(0,5 \times \ln 256)}$.

Soit $B(\ln 256) = 8 \ln 256 - \mathrm{e}^{\ln 256^{0,5}}$

ou $B(\ln 256) = 8 \ln 256 - 256^{0,5}$.

D'où $B(\ln 256) \approx 28{,}36$ centaines d'euros.

La valeur maximale du bénéfice est donc de 2 836 euros, à l'euro près.

Sujet 31

Sujet national, options mercatique, CFE et GSI, exercice 1, juin 2008

Cet exercice est un questionnaire à choix multiples (QCM).

Pour chaque question, une seule des trois réponses proposées est correcte. Cocher la bonne réponse. Aucune justification n'est demandée.

Une réponse juste rapporte 1 point; une réponse fausse enlève 0,25 point et l'absence de réponse ne rapporte ni n'enlève de point. Si le total des points est négatif, la note attribuée à l'exercice est ramenée à 0.

Les deux premières questions se rapportent au tableau de variation ci-après.

On considère la fonction g définie et dérivable sur l'intervalle $[0\,;25]$.

On note g' la fonction dérivée de la fonction g.

La fonction g admet le tableau de variation suivant :

x	0		5		25
g'		–	0	+	
g	e	↘	1	↗	10

1. La fonction g admet un minimum :

☐ qui vaut 1 pour $x = 5$

☐ qui vaut 0 pour $x = 5$

☐ qui vaut 1 pour $x = 0$

2. Sur l'intervalle $[0\,;25]$, l'équation $g(x) = 3$ admet :

☐ aucune solution

☐ une unique solution

☐ deux solutions

3. L'équation $e^{-3x} = 5$ admet pour solution dans $\mathbb{R}$:

□ $-\dfrac{\ln 5}{3}$

□ $3 + \ln 5$

□ $-\ln \dfrac{5}{3}$

4. Soit f la fonction définie sur l'intervalle $]0\,;+\infty[$ par :
$f(x) = 10 - 3\ln(x)$.
On note f' la fonction dérivée de la fonction f.
Pour tout nombre réel x de l'intervalle $]0\,;+\infty[$:

□ $f'(x) = 10 - \dfrac{3}{x}$

□ $f'(x) = \dfrac{7}{x}$

□ $f'(x) = -\dfrac{3}{x}$

Corrigé

1. Bonne réponse : **qui vaut 1 pour x = 5.**

Sur la dernière ligne du tableau, on lit le minimum de g : 1.

Sur la première ligne, on lit la valeur de x correspondante : x = 5.

2. Bonne réponse : **une unique solution.**

Sur l'intervalle [0 ; 5], le maximum de la fonction est e, avec $e \approx 2{,}72$. Donc la courbe représentant f ne coupera pas la droite d'équation y = 3 sur cet intervalle.

Sur l'intervalle [5 ; 25], la fonction est strictement croissante de 1 à 10. La courbe coupera une fois cette droite.

L'équation $g(x)$ = 3 admet donc une seule solution sur l'intervalle [0 ; 25].

3. Bonne réponse : $-\dfrac{\ln 5}{3}$.

L'équation $\mathrm{e}^{-3x} = 5$ équivaut à $\ln(\mathrm{e}^{-3x}) = \ln 5$, soit $-3x = \ln 5$ ou $x = -\dfrac{\ln 5}{3}$.

4. Bonne réponse : $f'(x) = -\dfrac{3}{x}$.

La dérivée d'une fonction constante est 0 et $(\ln x)' = \dfrac{1}{x}$ $(x \neq 0)$.

Donc $f'(x) = 0 - 3 \times \dfrac{1}{x} = -\dfrac{3}{x}$.

Sujet 32

Sujet national, option CGRH, *exercice 2, juin 2008*

Partie A

Une entreprise a reçu une nouvelle machine dont la complexité nécessite un apprentissage progressif. Ainsi, la production évolue en fonction du temps. L'étude se fait sur les cinq premiers mois.

On note x le nombre de mois écoulés depuis l'installation de l'appareil.

La fonction donne le nombre de pièces, en milliers, fabriquées mensuellement par cette machine. Cette fonction est définie par :

$f(x) = \dfrac{100x}{x+1}$ pour x variant dans $[0\,;5]$.

1. Montrer que la fonction dérivée f' de f sur $[0\,;5]$ peut s'écrire sous la forme : $f'(x) = \dfrac{100}{(x+1)^2}$.

2. Déterminer le signe de $f'(x)$ sur $[0\,;5]$ et en déduire le tableau de variation de la fonction f.

3. Recopier et compléter le tableau de valeurs suivant. On arrondira les résultats à l'unité.

x	0	1	2	3	4	5
$f(x)$				75		

4. Représenter graphiquement la fonction f sur du papier millimétré. On prendra pour unités : 2 cm par mois sur l'axe des abscisses et 1 cm pour 10 000 pièces sur l'axe des ordonnées.

5. On estime que la machine est rentable si elle produit au moins 80 000 pièces par mois. Déterminer graphiquement sur quelle période la machine est rentable.

Partie B

Pour contrôler la qualité de production, on prélève 250 pièces issues de cette machine.

On s'aperçoit que parmi elles 25 pièces ont une masse inadéquate :

- 10 sont trop lourdes ;
- 15 sont trop légères.

On admet que cet échantillon est représentatif de l'ensemble de la production.

On prélève une pièce au hasard dans la production de la journée.

1. Quelle est la probabilité que la pièce prélevée ait une masse inadéquate ?

2. Sachant que la pièce prélevée a une masse inadéquate, quelle est la probabilité qu'elle soit trop lourde ?

Corrigé

Partie A

1. On applique la formule $\left(\frac{u}{v}\right)' = \frac{u'v - v'u}{v^2}$, avec $u(x) = 100x$ et $v(x) = x + 1$.

D'où $u'(x) = 100$ et $v'(x) = 1$.

Alors $f'(x) = \frac{100(x+1) - 1 \times 100x}{(x+1)^2} = \frac{100x + 100 - 100x}{(x+1)^2}$.

D'où $f'(x) = \frac{100}{(x+1)^2}$.

2. Comme un carré est toujours positif, la dérivée est le quotient de deux nombres positifs, elle est donc positive.

On en déduit le tableau de variation de f :

x	0		5
$f'(x)$		$+$	
$f(x)$	0	$\nearrow$	$\frac{250}{3}$

$$f(5) = \frac{500}{5+1} = \frac{500}{6} = \frac{250}{3}.$$

3. Tableau de valeurs complété :

x	0	1	2	3	4	5
$\frac{100x}{x+1}$	0	50	67	75	80	83

4. Représentation graphique :

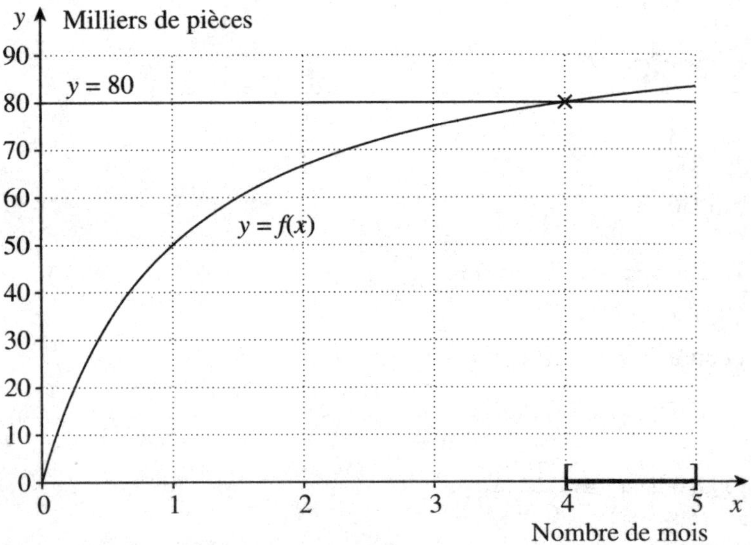

5. La machine est rentable à partir du 4e mois révolu car alors la courbe d'équation $y = f(x)$ est au-dessus de la droite d'équation $y = 80$.

Partie B

1. On suppose que toutes les pièces ont la même probabilité d'être prélevées.

Comme 25 pièces ont une masse inadéquate sur un total de 250, alors :

$$p_1 = \frac{25}{250} = \frac{1}{10} = 0{,}1.$$

2. Il y a à présent 10 pièces trop lourdes sur un total de 25 pièces inadéquates, donc :

$$p_2 = \frac{10}{25} = \frac{2}{5} = 0{,}4.$$

Sujet 33

Sujet national, options mercatique, CFE *et* GSI, *exercice 2, septembre 2008*

On rappelle que si u et v sont deux fonctions dérivables sur un intervalle I, et si v ne s'annule pas sur I, alors la fonction $\dfrac{u}{v}$ est dérivable sur I et sa fonction dérivée est donnée par la formule : $\left(\dfrac{u}{v}\right)' = \dfrac{u'v - uv'}{v^2}$.

On se propose d'étudier la capacité pulmonaire moyenne de l'être humain de 10 à 90 ans.

On désigne par f la fonction définie sur l'intervalle [10 ; 90] par $f(x) = \dfrac{110 \ln x - 220}{x}$.

On admet que, pour un être humain d'âge x, en années, appartenant à l'intervalle [10 ; 90], sa capacité pulmonaire moyenne, en litres, peut être modélisée par $f(x)$.

Une représentation graphique de la fonction f est donnée ci-dessous.

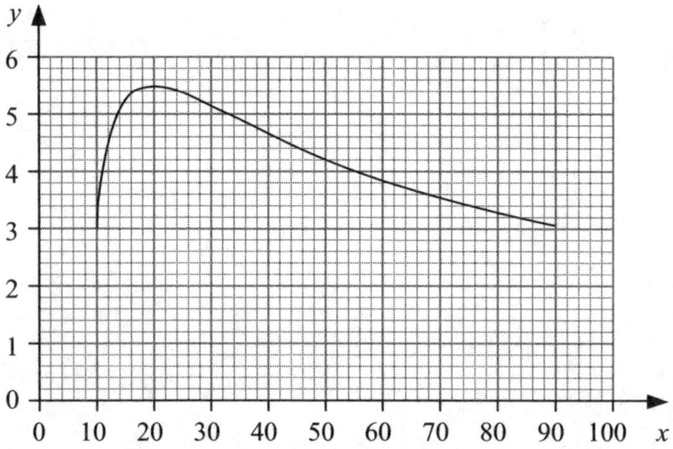

1. Répondre avec la précision permise par la représentation graphique.

a) À quel âge la capacité pulmonaire moyenne est-elle maximale? Quelle est cette capacité maximale?

b) À quels âges la capacité pulmonaire moyenne est-elle supérieure ou égale à 5 litres?

2. On désigne par f' la fonction dérivée de la fonction f.

a) Montrer que, pour tout nombre réel x de l'intervalle $[10\,;\,90]$, $f'(x) = \dfrac{110(3 - \ln x)}{x^2}$.

b) Résoudre sur l'intervalle $[10\,;\,90]$ l'équation $3 - \ln x = 0$.
Donner une valeur arrondie de la solution au dixième.

c) On considère sur l'intervalle $[10\,;\,90]$ l'inéquation $3 - \ln x > 0$.
Montrer que l'ensemble des solutions de cette inéquation est $[10; \mathrm{e}^3[$.
En déduire le signe de $f'(x)$ sur l'intervalle $[10\,;\,90]$.

d) Indiquer comment retrouver les résultats de la question **1.a)**.

Corrigé

1. a) Le point $(20\,;\,5{,}5)$ est le point le plus élevé de la courbe, donc la capacité pulmonaire est maximale à 20 ans. Elle est alors d'environ 5,5 litres.

b) Les points de la courbe ont une ordonnée supérieure ou égale à 5 lorsque leur abscisse est comprise entre 14 et 32.
C'est donc entre 14 ans et 32 ans que la capacité est supérieure ou égale à 5 litres.

2. a) On pose : $u(x) = 110 \ln x - 220$, d'où $u'(x) = \dfrac{110}{x}$;
et $v(x) = x$, d'où $v'(x) = 1$.

Alors :

$$f'(x) = \frac{\frac{110}{x} \times x - 1 \times (110 \ln x - 220)}{x^2}$$

$$f'(x) = \frac{330 - 110 \ln x}{x^2}$$

$$f'(x) = \frac{110(3 - \ln x)}{x^2}.$$

b) L'équation $3 - \ln x = 0$ équivaut à $3 = \ln x$.

Soit $e^3 = e^{\ln x}$ ou encore $e^3 = x$.

L'équation a pour solution $e^3 \approx 20{,}1$.

c) L'inéquation $3 - \ln x > 0$ équivaut à $3 > \ln x$ ou encore $\ln x < 3$.

Comme la fonction exponentielle est strictement croissante sur [10 ; 90], l'inéquation équivaut à $x < e^3$.

L'ensemble des solutions est donc $[10 ; e^3[$.

Comme $x^2 > 0$ sur [10 ; 90], la dérivée est du signe du numérateur, donc de $3 - \ln x$.

D'où son tableau de signes :

x	10		e^3		90
$f'(x)$		+	0	–	

d) La dérivée est positive sur l'intervalle $[10 ; e^3]$, donc la fonction f est croissante sur cet intervalle. La dérivée est négative sur $[e^3 ; 90]$, donc la fonction f est décroissante sur cet intervalle. On en déduit que la fonction admet un maximum en e^3, c'est -à-dire que la capacité pulmonaire est maximale à environ 20,1 ans.

On calcule la capacité pulmonaire à cet âge :

$$f(e^3) = \frac{110 \ln e^3 - 220}{e^3} = \frac{330 - 220}{e^3} \approx 5{,}5$$

qui est le résultat trouvé à la question **1.a)**.

Sujet 34

Sujet national, option CGRH, *exercice 3, septembre 2008*

Cet exercice est un questionnaire à choix multiples (QCM).

Dans cet exercice, pour chaque question, trois réponses sont proposées, une seule réponse est correcte. Pour chaque question, indiquer le numéro de la question et la réponse choisie. Aucune justification n'est demandée.

Chaque bonne réponse rapporte 1 point, chaque réponse incorrecte retire 0,25 point, une question sans réponse n'apporte ni ne retire aucun point. Si le total des points est négatif, la note attribuée à l'exercice est 0.

On donne le tableau de variations d'une fonction f définie et dérivable sur $[-10\,;\,14]$.

Valeurs de x	-10		-3		5		14
Signe de $f'(x)$		$+$	0	$-$	0	$+$	
Variations de f	2	↗	5	↘	-4	↗	-1

1. On a :

☐ f positive sur $[5\,;\,14]$

☒ f positive sur $[-10\,;\,-3]$

☐ f négative sur $[-10\,;\,5]$

2. On considère l'équation $f(x) = 0$. Sur l'intervalle $[-10\,;\,14]$:

☐ Elle n'admet aucune solution.

☒ Elle admet une unique solution.

☐ On ne peut pas répondre.

3. On cherche à comparer $f(-1)$ et $f(1)$:

☒ $f(-1) > f(1)$

☐ $f(-1) < f(1)$

☐ On ne peut pas répondre.

4. La courbe représentative de la fonction f admet au point d'abscisse -3 :

☐ une tangente horizontale.

☐ une tangente dont le coefficient directeur est négatif.

☐ une tangente dont le coefficient directeur est positif.

5. Une équation de la tangente à la courbe représentative de f au point d'abscisse -10 est :

☐ $y = -10x + 2$

☒ $y = x + 2$

☐ $y = x + 12$

6. Une équation de la tangente à la courbe représentative de f au point d'abscisse 5 est :

☒ $y = -4$

☐ $x = -4$

☐ $y = 0$

Corrigé

1. Bonne réponse : f est positive sur $[-10\,;\,-3]$.

D'après la dernière ligne du tableau de variations, le minimum de la fonction est 2 sur l'intervalle $[-10\,;\,-3]$.

2. Bonne réponse : elle admet une unique solution.

La fonction est strictement positive sur $[-10\,;\,-3]$ et strictement négative sur $[5\,;\,14]$.

Sur $[-3\,;\,5]$, elle est strictement décroissante de 5 à -4. La courbe représentative de la fonction f coupe donc une et une seule fois l'axe des abscisses sur cet intervalle.

3. Bonne réponse : $f(-1) > f(1)$.

Les nombres -1 et 1 appartiennent à l'intervalle $[-3\,;\,5]$ sur lequel la fonction f est strictement décroissante, et donc change l'ordre.

Comme $-1 < 1$ alors $f(-1) > f(1)$.

4. Bonne réponse : une tangente horizontale.

Au point $(-3\,;\,5)$, le coefficient directeur de la tangente vaut $f'(-3) = 0$, donc la tangente est horizontale.

5. Bonne réponse : $y = x + 12$.

Sur l'intervalle $[-10\,;\,-3]$ la fonction est strictement croissante, donc le coefficient directeur de la tangente en -10 est positif.

Par ailleurs $f(-10) = 2$, donc le point $(-10\,;\,2)$ doit appartenir à la tangente. La seule droite qui convient est la droite d'équation $y = x + 12$. En effet $y = -10 + 12 = 2$.

6. Bonne réponse : $y = -4$.

Comme $f'(5) = 0$, la tangente est horizontale.

Par ailleurs $f(5) = -4$.

Sujet 35

Antilles, options mercatique, CFE *et* GSI*, exercice 3, septembre 2008*

Soit f la fonction définie sur l'intervalle [1 ; 13] par :
$f(x) = x \ln x - 3x + 10$.

Une entreprise fabrique du dissolvant chimique. Lorsque l'entreprise fabrique x centaines de litres par jour, le coût moyen de production du litre est égal à $f(x)$ (x est compris entre 1 centaine et 13 centaines). Ce coût est exprimé en euros.

1. Si l'entreprise produit 500 litres par jour, quel sera le coût moyen de production du litre, en euros, arrondi au centime?

2. Montrer que $f'(x) = \ln x - 2$ où f' désigne la fonction dérivée de f sur l'intervalle [1 ; 13].

3. Étudier le signe de $f'(x)$ puis établir le tableau de variation de f sur l'intervalle [1 ; 13].

4. En déduire le nombre de litres à produire par jour pour que le coût moyen de production du litre soit minimum. On donnera la valeur exacte puis une valeur approchée au litre près.

Préciser alors la valeur arrondie au centime du coût moyen de production du litre correspondant.

Corrigé

1. On remplace x par 5 :

$f(5) = 5 \ln 5 - 3 \times 5 + 10$

$f(5) \approx 3{,}047$.

Le coût moyen par litre, pour 500 litres produits, est de 3,05 €.

2. On applique la formule $(uv)' = u'v + uv'$, soit :

$f'(x) = 1 \times \ln x + x \times \dfrac{1}{x} - 3$

$f'(x) = \ln x + 1 - 3$

$f'(x) = \ln x - 2.$

3. On résout :

$\ln x - 2 \leqslant 0$

$\ln x \leqslant 2$

$e^{\ln x} \leqslant e^2$

$x \leqslant e^2.$

Donc la dérivée est négative pour $x \leqslant e^2$.

Tableau de variation de f :

x	1	e^2	13
Signe de f'	–	0	+
Sens de variation de f	7 ↘	$10 - e^2$	↗ $13 \ln 13 - 29$

$f(e^2) = e^2 \ln e^2 - 3e^2 + 10$

$f(e^2) = 2e^2 - 3e^2 + 10$

$f(e^2) = 10 - e^2$

$f(e^2) \approx 2{,}61.$

$f(13) = 13 \ln 13 - 39 + 10$

$f(13) = 13 \ln 13 - 29$

$f(13) \approx 4{,}34.$

4. D'après le tableau de variation, il faut produire e^2, soit 261 litres au litre près, pour obtenir un coût moyen par litre minimum égal à $10 - e^2$, soit 2,61 € au centime d'euro près.

Sujet 36

Polynésie, option CGRH, *exercice 1, septembre 2008*

Pour chacune des quatre questions de ce QCM, une seule des trois propositions est exacte. Le candidat indiquera sur sa copie le numéro de la question et la lettre correspondant à la réponse choisie. Aucune justification n'est demandée.

Une réponse exacte vaut 1 point. Une réponse inexacte enlève 0,5 point. L'absence de réponse n'apporte ni n'enlève aucun point. Si le total des points est négatif, la note de l'exercice est ramenée à 0.

On donne $\mathcal{C}_f$ la représentation graphique d'une fonction f définie et dérivable sur l'intervalle $[-3\,;\,\frac{3}{2}]$.

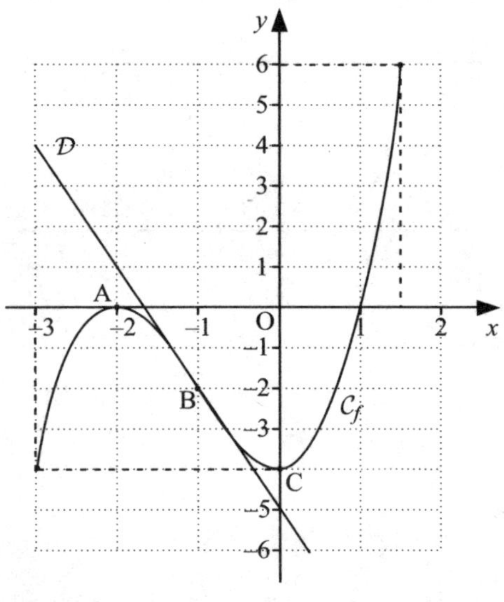

$\mathcal{C}_f$ admet une tangente horizontale aux points A$(-2\,;\,0)$ et C$(0\,;\,-4)$.

$\mathcal{D}$ est la tangente à $\mathcal{C}_f$ au point B$(-1\,;\,-2)$.

$\mathcal{D}$ passe par le point de coordonnées $(0;\,-5)$.

1. Le nombre de solutions sur l'intervalle $[-3\,;\,\frac{3}{2}]$ de l'équation $f(x) = 0$ est :

☐ 1

☐ 2

☐ 3

2. Les solutions sur l'intervalle $[-3\,;\,\frac{3}{2}]$ de l'équation $f'(x) = 0$ sont :

☐ -2 et 1

☐ -2 et 0

☐ -3 et 0

3. Le nombre dérivé $f'(-1)$ est égal à :

☐ 1,5

☐ -2

☐ -3

4. Une équation de la droite $\mathcal{D}$ est :

☐ $y = -3x$

☐ $y = -3x - 5$

☐ $y = -2x - 5$

5. La représentation graphique de la fonction dérivée f' de la fonction f est :

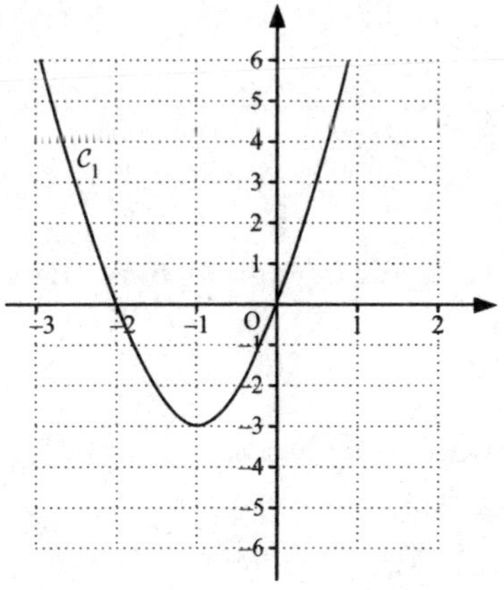

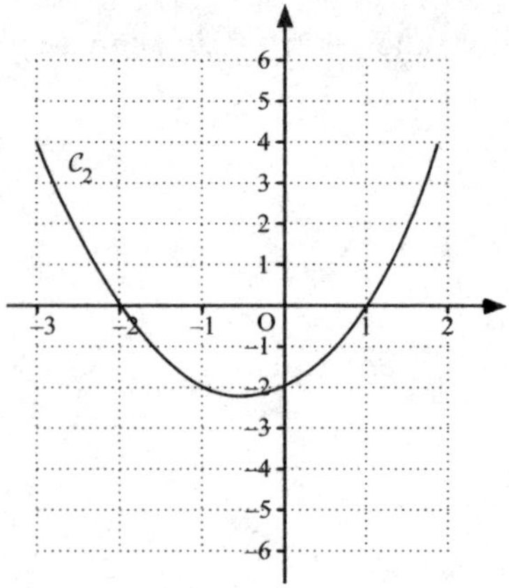

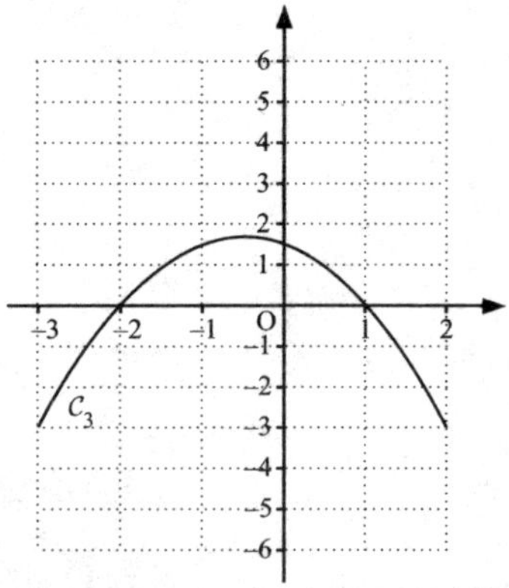

Corrigé

1. Bonne réponse : 2.

L'équation $f(x) = 0$ a deux solutions car la courbe coupe deux fois l'axe des abscisses.

2. Bonne réponse : -2 et 0.

Les tangentes sont horizontales aux points d'abscisses -2 et 0.

3. Bonne réponse : -3.

Le coefficient directeur de la tangente au point d'abscisse -1 est -3.

À partir du point B, en se déplaçant horizontalement d'une unité vers la droite, puis verticalement de trois unités vers le bas on retrouve un point de la tangente $\mathcal{D}$.

4. Bonne réponse : $y = -3x - 5$.

Le coefficient directeur de la tangente vaut -3. De plus, la droite $\mathcal{D}$ coupe l'axe des ordonnées au point $(0 ; -5)$.

Son ordonnée à l'origine est donc $b = -5$.

5. Bonne réponse : courbe $\mathcal{C}_1$.

La fonction f est croissante sur $[-3 ; -2]$, sa dérivée f' est donc positive sur cet intervalle. La représentation graphique de f' est alors au-dessus de l'axe des abscisses.

f est décroissante sur $[-2 ; 0]$, f' est donc négative sur cet intervalle et sa représentation graphique est au-dessous de l'axe des abscisses.

Sur $[0 ; 1]$, f est croissante donc sa dérivée f' est positive et sa représentation graphique est au-dessus de l'axe des abscisses.

Sujet 37

Inde, options mercatique, CFE *et* GSI, *exercice 3, avril 2009*

On considère la fonction f définie et dérivable sur l'intervalle $[1\,;7]$ par :
$f(x) = 2x^2 - 20x + 40 + 16\ln(x)$.

1. Soit f' la fonction dérivée de f sur l'intervalle $[1\,;7]$.
Calculer $f'(x)$ puis montrer que $f'(x) = \dfrac{4(x-4)(x-1)}{x}$.

2. Étudier le signe de $f'(x)$ sur l'intervalle $[1\,;7]$ et en déduire le tableau de variations de la fonction f.

3. Recopier et compléter le tableau de valeurs suivant. On arrondira les résultats à l'unité.

x	1	2	3	4	5	6	7
$f(x)$							

4. Représenter graphiquement la fonction f dans un repère orthogonal.
On prendra pour unités graphiques : 1 cm sur l'axe des abscisses et 1 cm sur l'axe des ordonnées.

Un artisan fabrique entre 1 et 7 poupées de collection par jour. Le coût unitaire de fabrication de x poupées, exprimé en euros, est égal à $f(x)$ (x est compris entre 1 et 7).

5. Combien faut-il produire de poupées pour que le coût unitaire de fabrication soit minimal ? Quel est ce coût minimal ?

6. Le prix de vente d'une poupée est de 20 euros.
Par lecture graphique, déterminer combien de poupées l'entreprise doit produire pour réaliser un bénéfice.

Corrigé

1. Pour tout $x > 0$, $(\ln x)' = \dfrac{1}{x}$. Donc pour $x \in [1\,;\,7]$, on a :

$$f'(x) = 2 \times 2x - 20 + \frac{16}{x}$$

$$f'(x) = \frac{4x^2 - 20x + 16}{x}.$$

Par ailleurs :

$$4(x-4)(x-1) = 4(x^2 - 4x - x + 4) = 4x^2 - 20x + 16.$$

Donc $f'(x) = \dfrac{4(x-4)(x-1)}{x}$.

2. Pour $x \geqslant 1$, on a $x > 0$ et $x - 1 \geqslant 0$. La dérivée f' est donc du signe de $x - 4$.

Si $x \in [1\,;\,4]$, alors $f'(x) \leqslant 0$;

si $x \in [4\,;\,7]$ alors $f'(x) \geqslant 0$.

D'où le tableau de variations de la fonction f :

Valeurs de x	1		4		7
Signe de $f'(x)$		–	0	+	
Variations de f	22	↘	14	↗	29

3. Tableau de valeurs de f :

x	1	2	3	4	5	6	7
$f(x)$	22	19	16	14	16	21	29

4. Représentation graphique :

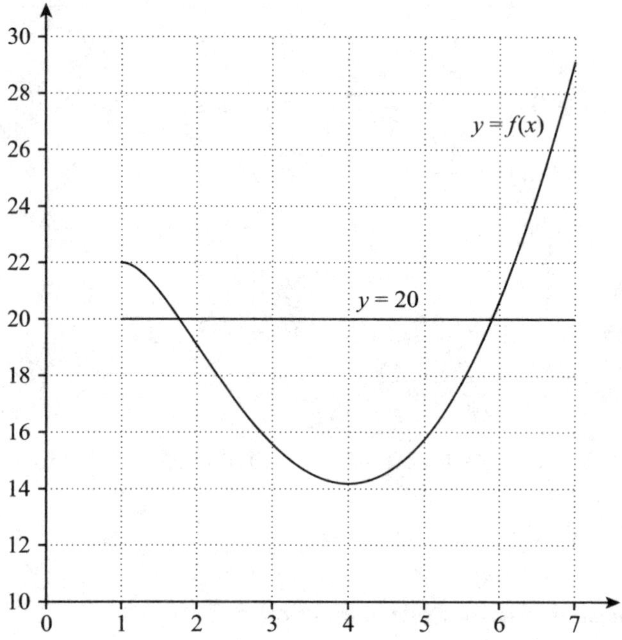

5. D'après le tableau de variations, le minimum de la fonction f est 14. Il est obtenu pour $x = 4$. Il faut donc fabriquer 4 poupées pour obtenir un coût minimal de production de 14 euros par poupée.

6. La courbe d'équation $y = f(x)$ est en dessous de la droite d'équation $y = 20$ pour les valeurs entières de x comprises entre 2 et 5.

L'entreprise est donc rentable pour une production comprise entre 2 et 5 poupées.

Sujet 38

Polynésie française, option CGRH, *exercice 2, juin 2009*

Un artisan fabrique des objets. Il ne peut pas en produire plus de 70 par semaine. On suppose que tout objet fabriqué est vendu.

Le coût de production de x dizaines d'objets, en milliers d'euros, est modélisé par la fonction f, définie sur l'intervalle $[0 ; 7]$. Sa courbe représentative $\mathcal{C}$ est donnée ci-dessous.

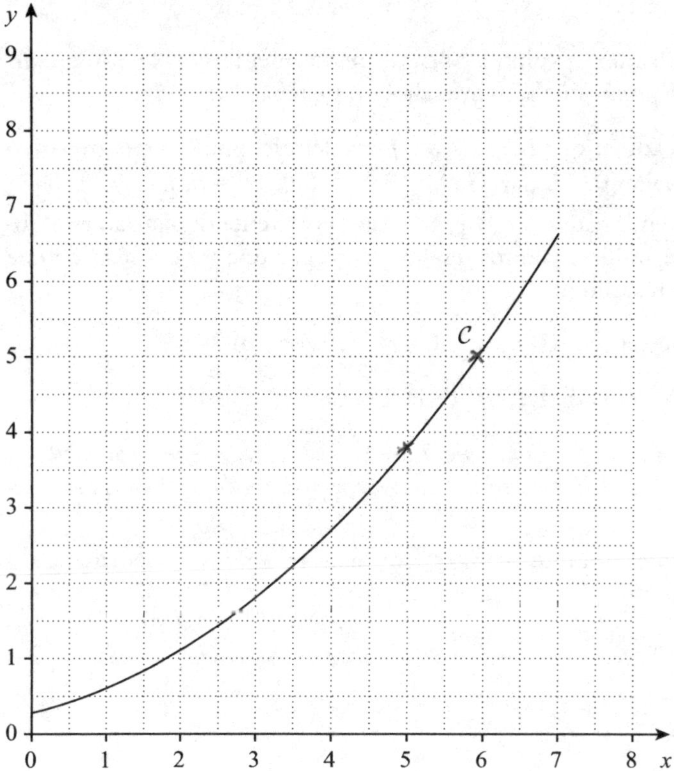

coût en milliers d'€

1. a) Par lecture graphique, donner le coût de production de 50 objets.

b) Par lecture graphique, donner le nombre d'objets produits pour un coût de 3 000 euros.

2. Chaque objet est vendu 80 euros. On note $g(x)$ la recette obtenue par la vente de x dizaines d'objets, en milliers d'euros.

a) Justifier que $g(x) = 0{,}8x$.

b) Tracer dans le repère précédent la droite $\mathcal{D}$ d'équation $y = 0{,}8x$.

c) Par lecture graphique, déterminer à quel intervalle doit appartenir x pour que l'artisan réalise un bénéfice.

3. On admet que la fonction f est définie, pour x appartenant à l'intervalle $[0\,;7]$, par $f(x) = 0{,}1x^2 + 0{,}2x + 0{,}3$.
Le bénéfice réalisé par la production et la vente de x dizaines d'objets, en milliers d'euros, est modélisé par une fonction B définie sur l'intervalle $[0\,;7]$.

a) Montrer que $B(x) = -0{,}1x^2 + 0{,}6x - 0{,}3$.

b) Calculer la dérivée B' de la fonction B.

c) *Dans cette question, toute trace de recherche, même incomplète, ou d'initiative même non fructueuse, sera prise en compte dans l'évaluation.*

Pour quel nombre d'objets fabriqués et vendus le bénéfice est-il maximum ?

Corrigé

1. a) Le point (5 ; 3,8) appartient à la courbe. Donc pour 50 objets, on lit un coût de production de 3 800 euros.

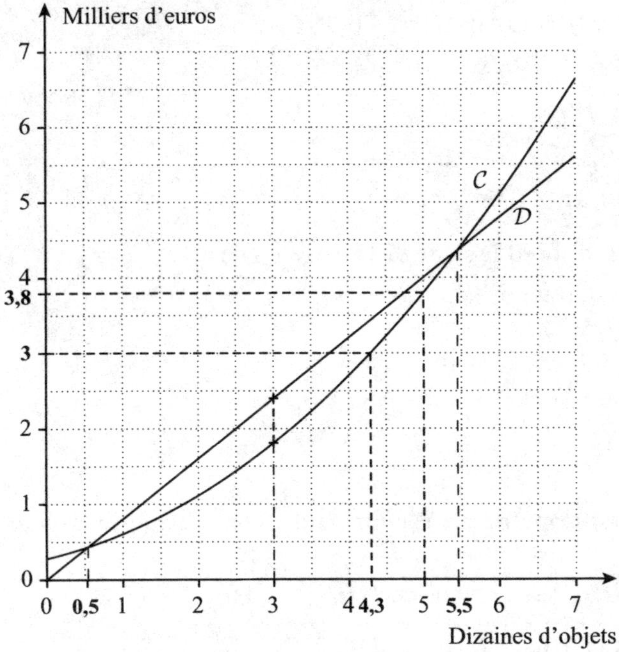

b) Le point (4,3 ; 3) appartient à la courbe. Donc pour un coût de 3 000 euros, on lit qu'une production de 43 objets est nécessaire.

2. a) Recette = Prix unitaire × Nombre d'objets Donc :

$$g(x) = 80 \times 10x \times \frac{1}{1\,000}$$

$g(x) = 0{,}8x$.

b) Tableau de valeurs :

x	0	7
$0{,}8x$	0	5,6

Pour le tracé de $\mathcal{D}$, voir la représentation graphique précédente.

c) L'artisan réalise un bénéfice pour une production comprise entre 5 et 55 objets, car sur l'intervalle [0,5 ; 5,5], la courbe du coût est au-dessous de la droite de la recette.

3. a) Bénéfice = Recette – Coût.

$B(x) = 0{,}8x - (0{,}1x^2 + 0{,}2x + 0{,}3)$

$B(x) = 0{,}8x - 0{,}1x^2 - 0{,}2x - 0{,}3$

$B(x) = -0{,}1x^2 + 0{,}6x - 0{,}3.$

b) Calcul de $B'(x)$:

$B'(x) = -0{,}1 \times 2x + 0{,}6$

$B'(x) = -0{,}2x + 0{,}6.$

c) On étudie d'abord le signe de la dérivée B' :

$B'(x) \leqslant 0$ équivaut à :

$-0{,}2x + 0{,}6 \leqslant 0$

$0{,}6 \leqslant 0{,}2x$

$x \geqslant \dfrac{0{,}6}{0{,}2}$

$x \geqslant 3.$

La dérivée est donc négative pour pour $x \geqslant 3$ et positive pour $x \leqslant 3$.

D'où le tableau de variations de B :

Valeurs de x	0		3		7
Signe de $B'(x)$		+	0	–	
Variations de B	–0,3	↗	0,6	↘	–1

Le bénéfice est maximum pour une production de 30 objets. Il est alors de 600 euros.

On vérifie que l'abscisse 3 correspond au plus grand segment vertical ayant une extrémité sur la courbe $\mathcal{C}$ et l'autre sur la droite $\mathcal{D}$.

Sujet 39

Polynésie française, options mercatique, CFE *et* GSI, *exercice 4, juin 2009*

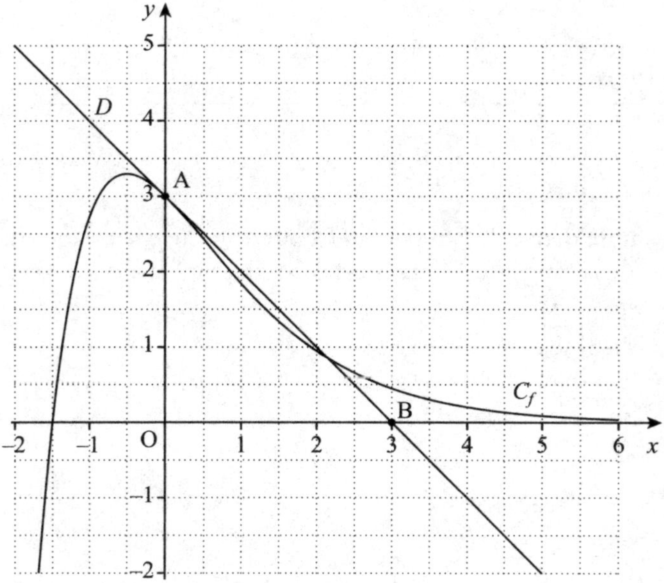

La courbe C_f ci-dessus représente, dans un repère orthonormal $(O\,;\vec{i},\vec{j})$, une fonction f définie sur $\mathbb{R}$.
La droite D est tangente à la courbe C_f au point A de coordonnées $(0\,;3)$ et passe par le point B de coordonnées $(3\,;0)$.

1. Par lecture graphique :

a) Déterminer le nombre $f(0)$.

b) Déterminer le nombre $f'(0)$ où f' est la fonction dérivée de f.

2. On admet que la fonction f est définie sur $\mathbb{R}$ par :
$f(x) = (2x+3)\mathrm{e}^{-x}$.

a) Est-ce que le point E de coordonnées $(7\,;0)$ est sur la courbe C_f ?

b) Démontrer que pour tout nombre réel x on a :
$f'(x) = (-2x-1)\mathrm{e}^{-x}$

c) Étudier le signe de $f'(x)$.

d) Dresser le tableau de variations de la fonction f.

Corrigé

1. a) $f(0) = 3$ car $(0\,;\,3) \in C_f$.

b) Le nombre dérivé de la fonction f pour $x = 0$ est le coefficient directeur de la tangente D à la courbe C_f au point d'abscisse 0 :

$$f'(0) = \frac{y_{\mathrm{B}} - y_{\mathrm{A}}}{x_{\mathrm{B}} - x_{\mathrm{A}}}$$
$$f'(0) = \frac{0-3}{3-0}$$
$$f'(0) = -1.$$

2. a) On remplace x par 7 :
$f(7) = (2 \times 7 + 3)\,\mathrm{e}^{-7}$
$f(7) = 17 \times \mathrm{e}^{-7}$.
$f(7) \neq 0$,
donc le point E n'appartient pas à la courbe C_f.

b) On applique la formule :
$(uv)' = u'v + v'u$.
On pose alors :
$u(x) = 2x + 3$ et $v(x) = \mathrm{e}^{-x}$.
D'où $u'(x) = 2$ et $v'(x) = -\mathrm{e}^{-x}$ et :
$f'(x) = 2\mathrm{e}^{-x} + (2x+3)(-\mathrm{e}^{-x})$
$f'(x) = 2\mathrm{e}^{-x} - 2x\mathrm{e}^{-x} - 3\mathrm{e}^{-x}$
$f'(x) = (-2x-1)\mathrm{e}^{-x}$.

c) Comme l'exponentielle est toujours positive, $f'(x)$ est du signe de $-2x-1$.

On résout par exemple :

$-2x - 1 \leqslant 0$

$-1 \leqslant 2x$

$x \geqslant -\dfrac{1}{2}.$

La dérivée f' est donc négative pour $x \geqslant -\dfrac{1}{2}$ et positive pour $x \leqslant -\dfrac{1}{2}.$

d) Tableau de variations de f :

Valeurs de x	$-\infty$		$-\dfrac{1}{2}$		$+\infty$
Signe de $f'(x)$		$+$	0	$-$	
Variations de f		↗	$2\,e^{0,5}$	↘	

Sujet 40

Sujet national, options mercatique, CFE *et* GSI, *exercice 4, juin 2009*

Formulaire

Pour tout réel x et pour tout réel strictement positif a,
$a^x = e^{x \ln(a)}$.

Si u est une fonction dérivable sur un intervalle I, alors e^u est une fonction dérivable sur I et $(e^u)' = u'e^u$.

Thomas a 13 ans et demi. Il dispose de 800 € d'économies.
Ses parents décident de placer cet argent sur un compte rémunéré à intérêts composés au taux annuel de 4,5 %.

1. Calculer, au centime d'euro près, le capital dont il disposera au bout de trois ans, c'est-à-dire sa valeur acquise au bout de trois ans.

2. On considère la fonction f définie sur l'intervalle $[0\,;\,18]$ par $f(x) = 800 \times 1{,}045^x$.
On note f' la fonction dérivée de la fonction f.

a) En utilisant le fait que $1{,}045^x = e^{x \ln 1{,}045}$, démontrer que $f'(x) = 800 \ln(1{,}045) \times 1{,}045^x$.

b) En déduire le sens de variation de la fonction f sur l'intervalle $[0\,;\,18]$.

3. Le nombre $f(x)$ représente la valeur acquise d'un capital de 800 € placé pendant une durée x, en années, au taux annuel de 4,5 %. La courbe représentative $\mathcal{C}$ de la fonction f est donnée ci-après.
On décide d'utiliser cette courbe pour estimer graphiquement la valeur acquise selon la durée du placement.

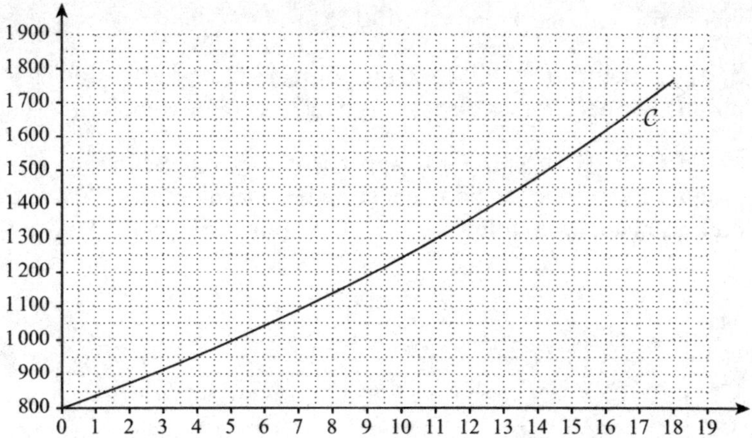

a) Déterminer, avec la précision permise par le graphique, la valeur acquise par le capital lorsque Thomas atteindra sa majorité, soit dans quatre ans et demi.

b) Combien d'années Thomas devra-t-il patienter pour voir doubler son capital initial ?

Corrigé

1. On applique la formule des intérêts composés :

$800 \times 1{,}045^{\,3} \approx 912{,}93$ €.

Au bout de trois ans, Thomas disposera de 912,93 euros.

2. a) On utilise l'écriture $f(x) = \mathrm{e}^{x \ln 1{,}045}$, on a :

$f'(x) = 800 \times \ln 1{,}045 \times \mathrm{e}^{x \ln 1{,}045}$

$f'(x) = 800 \times \ln 1{,}045 \times 1{,}045^{x}$.

b) Comme $1{,}045 > 1$ alors $\ln 1{,}045 > 0$.

Par ailleurs, l'exponentielle étant toujours strictement positive, les trois facteurs de $f'(x)$ sont strictement positifs.

La dérivée f' est donc strictement positive et la fonction f strictement croissante sur l'intervalle [0 ; 18].

3. a) Le point (4,5 ; 975) est un point de la représentation graphique. Donc Thomas disposerait de 975 euros à sa majorité.

b) Le point (15,75 ; 1 600) appartient à la représentation graphique, c'est donc au bout de 16 années révolues que la valeur du capital aurait doublé.

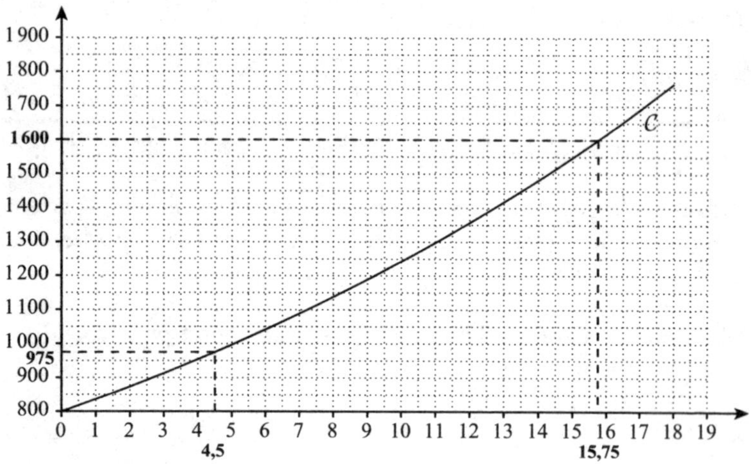

Sujet 41

Polynésie, options mercatique, CFE *et* GSI, *exercice 1, juin 2007*

Sur un site Internet, on peut consulter le tableau suivant.
Indicateur des taux fixes pour un prêt immobilier.

	15 ans	**20 ans**	**25 ans**
Taux A	3,65 %	3,70 %	3,85 %
Taux B	3,85 %	3,90 %	4,05 %
Taux C	4 %	4,05 %	4,20 %

On rappelle que le montant a, en euros, de chacune des n annuités dans le cas d'un emprunt à annuités constantes de E euros, avec un intérêt annuel de i est :

$$a = E \times \frac{i}{1-(1+i)^{-n}}.$$

Monsieur Durand et Monsieur Félix souhaitent emprunter 150 000 euros pour acheter un appartement.

1. a) Monsieur Durand choisit le taux A sur 15 ans, calculer le montant de l'annuité, le montant de la mensualité, le coût total du crédit.

b) Monsieur Félix choisit le taux B sur 20 ans, calculer le montant de l'annuité, le montant de la mensualité, le coût total du crédit.

2. Monsieur Durand gagne 3 400 euros par mois et Monsieur Félix gagne 3 100 euros par mois.
La banque refuse le dossier si la mensualité dépasse 30 % du salaire mensuel.

a) Déterminer la ou les personnes pour qui le dossier sera refusé.

b) Pour la ou les personnes refusée(s), proposer une solution qui soit acceptée par la banque.

Corrigé

1. **a)** $a = 150\,000 \times \dfrac{0{,}0365}{1 - 1{,}0365^{-15}}$,

soit $a \approx 13\,163{,}08$.

L'annuité est de 13 163,08 euros. $\dfrac{13\,163{,}1}{12} \approx 1\,096{,}92$.

La mensualité est de 1 096,92 euros. $13\,163{,}1 \times 15 \approx 197\,446$.

Le coût total du crédit est de 197 446 euros.

b) $a = 150\,000 \times \dfrac{0{,}039}{1 - 1{,}039^{-20}}$,

soit $a \approx 10\,939{,}75$.

L'annuité est de 10 939,75 euros. $\dfrac{10\,939{,}75}{12} = 911{,}65$.

La mensualité est de 911,65 euros. $10\,939{,}75 \times 20 = 218\,795$.

Le coût total du crédit est de 218 795 euros.

2. **a)** $3\,400 \times 0{,}3 = 1\,020$

Au maximum, M. Durand peut rembourser 1 020 euros par mois.

$3\,100 \times 0{,}3 = 930$

Au maximum, M. Félix peut rembourser 930 euros par mois.

Seul M. Durand verra donc son dossier refusé, car 1 096,92 > 1 020.

b) Une solution acceptable par la banque serait que M. Durand choisisse le taux A avec un remboursement sur 20 ans, car alors :

$a = 150\,000 \times \dfrac{0{,}037}{1 - 1{,}037^{-20}}$, soit $a \approx 10\,746{,}06$ euros.

$\dfrac{10\,746{,}06}{12} = 895{,}50$.

Le remboursement mensuel de 895,50 euros est possible, car il est inférieur à 1 020.

Sujet 42

Nouvelle-Calédonie, options mercatique, CFE *et* GSI*, exercice 4, novembre 2007*

Un entrepreneur achète à crédit le 01/01/2003 une machine coûtant 500 000 €. Il rembourse son prêt en 10 annuités en versant le 1er janvier de chaque année (à partir du 01/01/2004), la somme de 64 752,29 € qui se décompose en deux parties :

– les intérêts à 5 % sur le capital restant dû l'année précédente ;

– l'amortissement du prêt (le capital remboursé).

Voici le détail de ces premiers versements donné à l'aide d'un tableur.

	A	B	C	D	E
1	**Dates**	**Annuité**	**Intérêts**	**Amortissement**	**Capital restant dû**
2	1/1/2003				500000,00
3	1/1/2004	64752,29	25000,00	39752,29	460247,71
4	1/1/2005	64752,29	23012,39	41739,90	418507,81
5	1/1/2006	64752,29	20925,39	43826,90	374680,91

Ainsi, les intérêts payés le 01/01/2004 représentent les 5 % du capital restant dû au 01/01/2003. La somme amortie en 2003 étant la différence entre le montant de l'annuité et les intérês payés en 2003.

Toutes les sommes seront données avec deux décimales.

1. Vérifier que les sommes indiquées en C3 et D3 sont correctes. Faire de même avec les sommes indiquées en C4 et D4. Compléter alors la ligne 6 de ce tableau, reproduite ci-après.

Dates	Annuité	Intérêts	Amortissement	Capital restant dû
01/01/2007	64 752,29			

2. Dans la cellule D3 a été entrée la formule : « =B3−C3 » qui, par « copier-glisser » a permis de compléter la colonne D.

a) Donner, de la même façon, la formule entrée en C3.

Que devient cette formule si on la recopie en C4?

b) Donner la formule entrée en E3 qui, par « copier-glisser » a permis de compléter la colonne E.

3. On définit des suites (i_n), (a_n) et (c_n) pour $n \geqslant 1$ par :

Dates	Annuité	Intérêts	Amortissement	Capital restant dû
01/01/(2003 + n)	64 752,29	i_n	a_n	c_n

Par exemple, i_1 = 25 000 représente les intérêts au 01/01/2004.
Donner les valeurs de i_2, i_3, i_4, a_1, a_2, a_3, a_4, c_1, c_2, c_3 et c_4.

4. Sachant qu'une de ces trois suites et une seule est géométrique, déterminer laquelle en précisant votre méthode. Quelle est la raison de cette suite? (On arrondira les calculs à 10^{-2} près.)

5. Déterminer, sans calcul et en justifiant, la somme $a_1 + a_2 + \ldots + a_{10}$.

6. À l'aide de la question 4, justifier l'égalité suivante :
$a_1 + a_2 + ... + a_{10} = 795\,045{,}80 \times (1{,}05^{10} - 1)$.
Comparer le résultat avec celui de la question 5. Commenter.

7. Par la méthode de votre choix, déterminer le montant total des intérêts payés par l'entrepreneur.

Corrigé

1. On a affiché :

- en C3 : $500\,000 \times 0{,}05 = 25\,000$, soit 25 000 € ;
- en D3 : $64\,752{,}29 - 25\,000 = 39\,752{,}29$, soit 39 752,29 € ;
- en C4 : $460\,247{,}71 \times 0{,}05 = 23\,012{,}39$, soit 23 012,39 € ;
- en D4 : $64\,752{,}29 - 23\,012{,}39 = 41\,739{,}90$, soit 41 739,90 €.

Pour la ligne 6, on obtient :

- intérêts : $374\,680{,}91 \times 0{,}05 = 18\,734{,}05$, soit 18 734,05 € ;
- amortissement : $64\,752{,}29 - 18\,734{,}05 = 46\,018{,}24$, soit 46 018,24 € ;

– capital restant dû : $374\,680{,}91 - 46\,018{,}24 = 328\,662{,}67$ soit 328 662,67 €.

Dates	Annuité	Intérêts	Amortissement	Capital restant dû
01/01/2007	64 752,29	18 734,05	46 018,24	328 662,67

2. **a)** En C3, on a écrit : « =E2*0,05 ».
En recopiant, on lit en C4 : « =E3*0,05 ».

b) En E3, on a écrit : « =E2−D3 ».

3. On a :
$i_2 = 23\,012{,}39$; $i_3 = 20\,925{,}39$; $i_4 = 18\,734{,}05$.
De même :
$a_1 = 39\,752{,}29$; $a_2 = 41\,739{,}90$; $a_3 = 43\,826{,}90$; $a_4 = 46\,018{,}24$.
Et :
$c_1 = 460\,247{,}71$; $c_2 = 418\,507{,}81$; $c_3 = 374\,680{,}91$; $c_4 = 328\,662{,}67$.

4. On a :
$$\frac{a_4}{a_3} = \frac{46\,018{,}24}{43\,826{,}90} = 1{,}05\,;$$
$$\frac{a_3}{a_2} = \frac{43\,826{,}90}{41\,739{,}90} = 1{,}05\,;$$
$$\frac{a_2}{a_1} = \frac{41\,739{,}90}{39\,752{,}29} = 1{,}05.$$
Comme on multiplie toujours par le même facteur 1,05 pour passer d'un terme au suivant, la suite (a_n) des amortissements est une suite géométrique de premier terme $a_1 = 39\,752{,}29$ et de raison 1,05.

5. On sait que la somme des amortissements au cours des dix années de l'emprunt doit être égale au capital emprunté.
Donc $a_1 + a_2 + a_3 + \ldots + a_{10} = 500\,000$ €.

6. La somme des dix premiers termes d'une suite géométrique est donnée par la formule :
$$a_1 + a_2 + a_3 + \ldots + a_{10} = a_1 \frac{1 - q^{10}}{1 - q} \text{ (q étant la raison).}$$

Donc $a_1 + a_2 + a_3 + \ldots + a_{10} = 39\,752{,}29 \times \dfrac{1 - 1{,}05^{10}}{1 - 1{,}05}$

$a_1 + a_2 + a_3 + \ldots + a_{10} = \dfrac{39\,752{,}29}{0{,}05} \times (1{,}05^{10} - 1)$

$a_1 + a_2 + a_3 + \ldots + a_{10} = 795\,045{,}80 \times (1{,}05^{10} - 1)$.

En effectuant ce calcul, on obtient :

$a_1 + a_2 + a_3 + \ldots + a_{10} = 500\,000$ €.

On retrouve le capital emprunté.

7. On sait que :

somme des annuités = somme des intérêts + somme des amortissements.

Donc :

somme des intérêts = somme des annuités – somme des amortissements.

Soit :

somme des intérêts = 64 752,29 × 10 – 500 000 = 147 522,90.

La somme des intérêts est donc de 147 522,90 €.

Le cahier coaching

Élaborer son planning

La clé du succès à l'examen, c'est avant tout une bonne organisation. Pour bien rentabiliser les révisions (surtout dans les semaines qui précèdent les épreuves), il faut commencer par se mettre les dates en tête. Construisez votre planning en tenant compte de vos forces et faiblesses et de votre capacité de concentration. Organisez vos semaines de révisions en fonction du temps dont vous disposez réellement et mettez-vous au travail sans tarder, dès le début de l'année.

10 astuces

1. Commencez le plus tôt possible : au fil de l'année, posez les grandes dates (examens blancs, devoirs et contrôles) ; puis dans les dernières semaines, organisez des révisions quotidiennes.

2. Écrivez plutôt au crayon pour pouvoir modifier par la suite votre planning et ajuster votre travail au cours du temps, si nécessaire.

3. Inscrivez bien les dates de vos épreuves.

4. Matière par matière, faites la liste de tous les thèmes que vous devez revoir : attribuez un code ou une abréviation à chacun (suffisamment explicite pour vous le rappeler par la suite !).

5. Reportez dans votre planning chacun de ces codes, en veillant à ne faire aucune impasse ! À chacun ensuite sa façon de travailler : certains préféreront réviser un peu de tout chaque semaine, d'autres pencheront pour des révisions en bloc, matière par matière. Dans tous les cas, il faut faire attention : à ne pas trop se disperser (rien ne sert de revoir quatre matières différentes en une journée) et à ne pas prendre un retard inconsidéré sur une matière, pour quelque raison que ce soit (y compris si c'est la dernière en date que vous passez).

6. Mettez l'accent sur vos points faibles, renforcez les révisions des matières ou des thèmes qui vous posent problème.

7. Fixez-vous des objectifs réalistes ! Rien de plus décourageant, en effet, qu'un planning volontariste dont vous savez déjà qu'il ne sera pas tenu.

8. Ménagez-vous des temps de repos. Faites des pauses. Prévoyez des jours entièrement consacrés à la détente.

9. Planifiez vos révisions de manière à avoir tout passé en revue une semaine au moins avant le début des épreuves : le travail de dernière minute ne sert à rien ! Mieux vaut consacrer les quelques jours précédant le jour J à vous reposer ou à revoir de façon plus détendue quelques points, pour simplement vous rafraîchir la mémoire.

10. Affichez le planning de chaque mois au-dessus de votre bureau, pour ne pas le perdre de vue !

Optimiser ses révisions

10 conseils pour réviser 100 % utile !

1. Si vous avez du mal à vous mettre au travail, dites-vous que plus vous attendez pour le faire et plus ce sera pénible.

2. Lorsque vous avez décidé de travailler, faites-le dans le calme. Évitez le téléphone, la télévision ou la musique à fond. En effet, le cerveau travaille difficilement sur deux choses à la fois.

3. Pour chaque séance de révisions, fixez-vous des objectifs (raisonnables). Et, une fois lancé, obligez-vous à aller jusqu'au bout. Imposez-vous un temps limité. C'est la meilleure façon d'être performant.

4. Pour rester concentré, alternez les révisions de matières scientifiques et de matières littéraires. Pensez à faire une courte pause entre deux séances de travail pour décompresser et reprendre dans de bonnes conditions.

5. Pour réviser, faites des fiches : à partir de vos notes prises en cours, à partir de vos manuels, à partir d'ouvrages parascolaires si cela peut vous faire gagner du temps. Mettez-y en évidence le plan et tout ce qui doit être mémorisé : définitions, idées clés, théorèmes, schémas, vocabulaire...

6. Quand vous relisez une fiche, faites-le à haute voix, comme si vous l'expliquiez à quelqu'un. En sollicitant à la fois votre sens visuel et votre sens auditif, vous mémoriserez mieux le contenu de la fiche.

7. Pour vous contrôler, testez-vous : posez-vous des questions, faites des exercices types, entraînez-vous sur des sujets d'annales.

8. Si vous saturez, adressez-vous aux copains. Révisez à deux ou trois, c'est souvent plus stimulant. Mais n'en profitez pas pour refaire le monde...

9. Si vous pensez manquer de temps, autorisez-vous à passer plus rapidement sur certains thèmes du programme qui vous semblent déjà un peu connus et sur ceux que vous jugez moins importants. Dans tous les cas, évitez les impasses, et méfiez-vous des « bons tuyaux » qui vous prédisent que tel sujet va tomber cette année. Le plus sûr moyen de réussir l'examen, c'est de ne rien laisser au hasard.

10. Pour tenir jusqu'au bout, restez positif. Cochez sur votre planning ce qui est fait, cela vous encouragera à poursuivre.

Apprendre à travailler en temps limité

Saurez-vous gérer correctement le temps imparti le jour J ? Même si vous vous y êtes déjà essayé lors des examens blancs, cela fait partie des points particulièrement difficiles à maîtriser : combien de temps faut-il prendre pour lire et comprendre un sujet ? À quel moment faut-il commencer à rédiger ? Si vous butez sur quelque chose, faut-il s'obstiner ou passer à la suite ?

Quelques règles pour ne pas se laisser déborder

1. Lorsque plusieurs sujets sont proposés, lisez-les attentivement, puis choisissez celui sur lequel vous êtes le plus à l'aise. Prenez le temps de bien choisir le sujet que vous allez traiter et, une fois ce choix fait, ne revenez pas dessus. **Le choix du sujet prend toujours au moins 10 minutes.**

2. Lisez bien la question et, avant de commencer la rédaction, écrivez vos idées au brouillon afin de restituer vos connaissances.

3. Soignez la rédaction mais continuez à surveiller l'heure pour ne pas vous laisser déborder ; calculez régulièrement le temps que vous avez passé sur telle partie et le temps qui vous reste.

4. Si vous restez bloqué trop longtemps, passez à autre chose et conservez le temps nécessaire pour y revenir ensuite.

5. Ménagez-vous toujours un temps de relecture pour repérer les fautes d'orthographe et vérifier la ponctuation (il en sera tenu compte dans la notation !).

Aménagements du temps selon les épreuves

Épreuve de 4 heures	Épreuve de 2h45	Épreuve de 1h15
Dissertation - Analyse du sujet, recherche des idées : **30 min** - Organisation du plan : **30 min** - Rédaction de l'introduction : **15 min** - Rédaction du développement : **2 h 15** - Rédaction de la conclusion : **10 min** - Relecture : **10 min** Commentaire de texte - Étude ordonnée du texte : **40 min** - Analyse du sujet : **30 min** - Organisation du plan : **30 min** - Rédaction de l'introduction : **15 min** - Rédaction du développement : **1 h 35** - Rédaction de la conclusion : **10 min** - Relecture : **10 min** Synthèse - Analyse du sujet : **15 min** - Étude des documents et réponses aux questions du travail préparatoire : **1 h 30 min** - Organisation du plan de la synthèse : **30 min** - Rédaction de l'introduction : **15 min** - Rédaction du développement : **1 h** - Rédaction de la conclusion : **10 min** - Relecture : **10 min** Matières scientifiques - Lecture du sujet : **10 min** - Exercice : environ **45 min pour chacun** - Relecture : **10 min**	Composition - Analyse du sujet, mobilisation des connaissances : **20 min** - Organisation du plan : **20 min** - Rédaction de l'introduction : **10 min** - Rédaction du développement : **1 h 30** - Rédaction de la conclusion : **10 min** - Relecture : **5 min** Étude d'un ensemble documentaire - Lecture et analyse des documents : **40 min** (environ 10 min par document) - Rédaction de la présentation des documents : **20 min** - Classement et organisation des informations : **40 min** - Rédaction de la synthèse : **50 min** - Relecture : **5 min**	Commentaire d'un document - Lecture et analyse du document : **20 min** - Rédaction des réponses aux questions : **40 min** - Relecture : **5mn** Réalisation d'un croquis - Analyse du sujet, identification des informations à représenter : **20 min** - Construction de la légende et rédaction de son commentaire : **20 min** - Dessin du croquis : **20 min** - Relecture : **5 min**

Faire sa check-list avant les épreuves

Vérifiez point par point que vous n'avez rien oublié. Pour vous y aider, voici la liste des choses importantes à contrôler.

Trois jours avant

☐ S'il est nouveau, étudier l'itinéraire de la maison au centre d'examen.

☐ Prévoir un ticket de métro, de bus ou de l'essence dans la voiture ou le scooter.

☐ Préparer sa trousse (stylo, effaceur, crayon et taille-crayon, gomme, règle, crayons de couleur, surligneurs), sa calculatrice (avec des piles) et son matériel scientifique (compas, équerre, etc.).

La veille

☐ Préparer sa convocation.

☐ Préparer sa carte d'identité.

☐ Préparer une bouteille d'eau, un fruit ou une barre de céréales.

☐ Préparer des mouchoirs et des médicaments, en cas de maux de tête ou de ventre.

Le matin

☐ Mettre une montre (pour pouvoir se situer pendant l'épreuve).

☐ Partir en avance d'au moins une demi-heure sur l'horaire officiel pour être sûr de ne pas arriver en retard (personne ne peut entrer dans la salle d'examen une fois l'enveloppe des sujets ouverte).

Réussir un oral

À l'oral, plus encore qu'à l'écrit, vous devez savoir maîtriser votre stress et faire bonne impression à votre examinateur. Comment mettre toutes les chances de votre côté? Quelles sont les erreurs à ne pas commettre?

10 conseils pour faire bonne impression à l'oral

Si l'examinateur juge avant tout de vos aptitudes et connaissances, il sera sensible également à la façon dont vous vous présenterez, à votre comportement face au sujet et à lui. Consciemment ou non, il sera influencé par votre ton, votre tenue, etc. Voici quelques conseils pour vous y préparer.

1. Arrivez à l'heure. Cela peut paraître évident ! Sauf cas de force majeure, si vous arrivez en retard, vous aurez déjà fait mauvaise impression... avant même d'avoir ouvert la bouche !

2. Avant de passer, restez concentré. Avant de passer l'épreuve, vous devrez probablement attendre dans un couloir ou une salle, le plus souvent avec d'autres candidats. Durant ces instants, il est important de rester concentré, de rassembler ses idées. Chercher, par exemple, des informations auprès des autres candidats (sur l'examinateur, les questions qu'il pose, etc.) ne peut que vous stresser davantage et ne vous apportera rien.

3. Restez naturel. Choisissez une tenue correcte mais dans laquelle vous êtes à l'aise. Ne forcez pas le ton de votre voix.

4. Soyez poli et souriant. Ce n'est pas parce que vous êtes stressé, fatigué, angoissé ou au contraire trop sûr de vous qu'il faut en oublier la politesse. Rester correct et aimable, toujours poli sans obséquiosité ne peut que vous être favorable.

5. Maîtrisez votre stress. Le trac, tout le monde l'a, même ceux qui ont l'air très à l'aise. La difficulté, c'est de le surmonter. Il existe quelques techniques simples pour essayer : respirez à fond, évitez de trop bouger, installez-vous correctement sur votre chaise, parlez calmement. Concentrez-vous sur ce que vous avez à faire et sur ce que vous voulez dire, plutôt que sur l'air plus ou moins « sympathique » de votre examinateur.

6. Apportez votre matériel. Rien de plus agaçant pour un examinateur qu'un candidat qui n'a pas de quoi noter, qui farfouille dans son sac à la recherche d'une gomme ou – pire – de sa liste de textes (dans les épreuves de langue, par exemple). Et ne pas avoir ses affaires est aussi une source de stress pour le candidat !

7. Utilisez pleinement le temps de préparation. Vous avez en général autour de 20 minutes de préparation. Mettez ce temps à profit pour élaborer un plan. Ne rédigez surtout pas l'ensemble de votre réponse, notez uniquement quelques points de repère et les transitions. En revanche, réfléchissez aux mots que vous allez utiliser et aux différentes questions que l'examinateur pourrait vous poser.

8. Soyez intéressant. Pensez que l'examinateur a beaucoup de candidats à voir dans la journée, essayez donc de susciter son intérêt. Parlez-lui posément en le regardant. Ne lisez pas vos notes car cela donne un ton monocorde très ennuyeux à écouter. Au contraire, n'hésitez pas à improviser pour rendre votre discours plus vivant.

9. Soyez confiant... mais pas arrogant. Ce n'est pas parce que telle matière a un faible coefficient dans votre filière ou, dans le cas du rattrapage, parce que vous avez peu de points à regagner qu'il faut arriver trop sûr de vous le jour de l'oral. L'examinateur est là pour estimer vos connaissances à leur juste valeur, et non pour vous « aider » à avoir absolument votre examen. Bien entendu, il n'est pas là non plus pour vous « sacquer ». En d'autres termes, prenez conscience qu'il s'agit d'une véritable épreuve, aussi importante que l'écrit qui se prépare avec sérieux et motivation.

10. Après l'épreuve, ne voyez pas tout en noir. Si l'examinateur vous a posé des questions, ce n'est pas forcément parce que votre exposé était insuffisant ; s'il ne souriait pas, ce n'est pas parce qu'il ne vous « aimait » pas, etc. Faites la chasse aux idées sombres et préparez-vous plutôt pour l'oral suivant, le cas échéant !

Comment se passe la correction ?

Que va devenir votre copie au-delà des quelques heures passées à la rédiger ? Qui la corrige ? Comment votre note au bac va-t-elle être calculée ? Quels critères feront que vous aurez ou non une mention ?

La correction des copies

Après les épreuves, les copies sont remises à des correcteurs (enseignants) qui reçoivent également un barême de correction. Ils corrigent les copies, puis ils se réunissent, par disciplines, en « **commission d'harmonisation** » :

- dans un premier temps, la commission recense les problèmes rencontrés lors de la correction et procède à des ajustements de barême ;
- dans un second temps, lorsque toutes les copies sont corrigées, elle compare l'ensemble des notes.

Puis chaque jury délibère. Si un **cas litigieux** se présente, le jury consulte le livret scolaire, et modifie la note en fonction de celui-ci. Ceci permet à certains élèves d'être « repêchés ».

La notation des épreuves

Chaque épreuve est notée de 0 à 20, en points entiers.

- Pour les épreuves **obligatoires**, chaque note est multipliée par son coefficient.
- Pour les épreuves **facultatives**, seuls sont comptabilisés les points au-dessus de 10.
- Une **absence non justifiée** à une épreuve est sanctionnée par un zéro.
- Le **zéro** n'est pas une note éliminatoire.

Votre résultat au bac

À l'issue des épreuves du premier groupe...

La note moyenne (celle du bac) est calculée en divisant la somme des points obtenus par le total des coefficients attribués.

- si vous avez une note moyenne **égale ou supérieure à 10** : vous êtes admis. Vous pouvez même avoir une mention (assez bien : 12 ; bien : 14 ; très bien : 16 de moyenne) ;
- si vous avez une note moyenne **inférieure à 8** : vous êtes ajourné ;
- si vous avez une note moyenne **égale à 8 ou inférieure à 10** : vous êtes autorisé à passer les épreuves du second groupe (oral de rattrapage).

À l'issue des épreuves du second groupe...

- si vous avez une note moyenne (incluant les épreuves du premier groupe) **égale ou supérieure à 10** : vous êtes admis, mais vous ne pouvez pas avoir de mention ;
- si vous avez une note moyenne **inférieure à 10** : vous êtes ajourné. Mais si votre note moyenne est égale ou supérieure à 8, vous recevez un certificat de fin d'études secondaires.

Se préparer au rattrapage ?

Si vous obtenez, à l'issue des épreuves du premier groupe, une moyenne au moins égale à 8 sur 20 et inférieure à 10 sur 20, vous êtes autorisé à vous présenter ***aux épreuves orales du second groupe*** *: autrement dit, vous avez le droit de passer le « rattrapage ».*

Modalités d'accès

Le candidat se présente à **deux épreuves orales** dans deux matières qu'il a choisies parmi celles qui ont fait l'objet d'épreuves écrites au premier groupe, y compris le français depuis la session 2002. Seule la meilleure note obtenue par le candidat au premier ou au second groupe est prise en compte par le jury.

Comment choisir les deux matières ?

Votre choix doit prendre en compte :

- le coefficient de chaque matière (celui de l'écrit est en effet conservé à l'oral) ;
- l'estimation de vos résultats au bac.

Les notes que vous obtiendrez à l'oral remplaçant celles que vous aurez eues à l'écrit, vous avez tout intérêt à opter pour les **matières dont les coefficients sont les plus forts** et pour lesquelles vous pensez que **vos notes à l'écrit seront les plus basses.** Choisir pour l'oral sa matière de prédilection est rarement le meilleur calcul, puisque cela ne permet pas d'augmenter beaucoup la moyenne finale.

Quand amorcer les révisions ?

À l'issue des écrits, vous disposerez encore d'une quinzaine de jours environ avant l'affichage des résultats. Sachez que vous pouvez avoir à passer votre oral de rattrapage **dès le lendemain.** Il vaut donc mieux y penser le plus tôt possible...

Comment se passent les épreuves ?

Vous avez généralement **20 minutes de préparation**, suivies de **20 minutes d'interrogation**. Les programmes varient selon les disciplines, mais l'objectif est toujours le même : contrôler vos connaissances et votre aptitude au raisonnement et à la réflexion.

En cas d'échec au rattrapage...

Si vous obtenez une note moyenne **inférieure à 10**, vous êtes ajourné. Il vous faudra alors présenter à nouveau le bac l'année suivante. Avec une moyenne comprise entre 8 et 10, le CFES (certificat de fin d'études secondaires) vous sera délivré.

Bien dormir : le secret de la réussite !

Bien dormir est essentiel pour tenir le rythme au fil des jours et bénéficier de toutes ses capacités durant les épreuves. Sachez que le manque de sommeil entraîne une forte baisse de l'attention et de la mémoire, et qu'il vous rend plus fragile face aux agressions extérieures. Quels sont les mécanismes du sommeil? Comment en prendre soin?

Le sommeil : un besoin vital

• Chaque jour, lorsque nous nous endormons, notre organisme récupère et puise les ressources nécessaires pour faire face au jour suivant. Les muscles se relâchent, l'activité cérébrale diminue, offrant au corps la possibilité de recouvrer ses forces. C'est pour cela que nous dormons quasiment le **tiers de notre vie**.

• Il faut savoir que la vigilance et la qualité de la phase de veille dépendent beaucoup du sommeil. Ce dernier se compose de phases successives de **sommeil lent**, qui permet la **récupération physique**, et de **sommeil paradoxal**, domaine des rêves, indispensable à la **récupération intellectuelle** et aux **apprentissages**. Rien d'étonnant, dans ces conditions, à ce qu'un élève en pleine préparation d'examen, qui révise intensément et sollicite ses neurones, ait besoin d'un sommeil de qualité, en quantité suffisante.

• En moyenne, on estime à **8 heures par jour** la durée d'un sommeil réparateur, mais cela varie bien sûr en fonction des individus et de la vie qu'ils mènent. Citons l'exemple célèbre de Napoléon qui n'avait besoin que de 4 heures de sommeil, alors qu'il en fallait 12 à Einstein pour se sentir en forme !

Sommeil, mode d'emploi

La bonne attitude	**Ce qu'il ne faut pas faire**
Être à l'écoute de son corps. Si vous montrez des signes de fatigue (bâillements, somnolence, pensées qui vagabondent, difficultés de concentration), inutile de lutter trop longtemps ! Le mieux est encore d'aller piquer un petit somme. *Dormir suffisamment.* Rappelez-vous : en moyenne, un adulte doit dormir 8 heures pour être en forme. *Faire du sport.* Cela aide à garder une bonne condition physique, un bon moral et un bon sommeil ! *Savoir se détendre.* Le stress est le grand ennemi du sommeil. Mieux vaut prendre un peu l'air et vous détendre si vous constatez que vos révisions n'avancent pas parce que vous êtes trop angoissé. *Créer un environnement favorable au sommeil.* Pour bien dormir, il faut un bon matelas, un lieu paisible et isolé, à l'atmosphère saine (il est généralement plus difficile de s'endormir dans une chambre pleine de poussière !). N'hésitez pas à prendre une tisane et un bon livre sur fond de musique douce... comme pour les bébés, le rituel du coucher est primordial ! *Avoir un rythme de vie régulier.* Se lever et se coucher à la même heure chaque jour permet au cycle veille/ sommeil de bien se synchroniser.	*L'inverse des conseils donnés dans la colonne « La bonne attitude »* Donc : ignorer les signes de fatigue, se priver de sommeil ou simplement se coucher tard, oublier de se détendre, dormir dans un environnement hostile... *Prendre des somnifères.* C'est à éviter absolument. En effet, un grand nombre de médicaments (les psychotropes, qui agissent sur le système nerveux central), et notamment les somnifères, ont des effets sur la vigilance, et peuvent entraîner une somnolence même après le réveil ! Vous risqueriez de perdre la journée que vous pensiez gagner ! *Manger trop, trop gras, trop alcoolisé.* Une digestion longue et difficile ne favorise pas un bon sommeil. *Prendre des excitants trop tard dans la journée.* Évitez d'absorber du café, du thé, des jus de fruits et même du chocolat au moment du dîner. Si vous êtes particulièrement sensible à ces excitants et que votre organisme est lent à les assimiler, abstenez-vous d'en prendre dès le début d'après-midi. Il en va de même bien entendu des vitamines en tube et autres boosteurs de mémoire, sans parler du tabac qui est un excitant également.

Connaître et apprivoiser son stress

La perspective des épreuves vous angoisse? Votre ventre se noue dès que vous y pensez? Vous dormez mal? Vous avez l'impression de ne pas avancer?... Vous êtes stressé! Si cet état est tout à fait naturel à l'approche d'un événement important, il est toutefois possible (et souhaitable) d'apprendre à le maîtriser. Et pour éviter d'être complètement paralysé le jour J, mieux vaut s'y préparer le plus tôt possible. Quel est le mécanisme du stress? Comment le maîtriser pour en conserver les avantages sans en subir les inconvénients?

Le mécanisme du stress

• Le stress est un sentiment très personnel : tout le monde ne stresse pas pour les mêmes raisons et ne gère pas cet état de la même façon. En revanche, la réaction biologique à l'origine de ce malaise est similaire d'un individu à l'autre. Il s'agit d'un réflexe de notre organisme face à une situation qui pourrait le mettre en danger.

• Tout commence par un stimulus stressant. Instantanément, le cœur s'emballe, l'estomac se noue et les muscles fléchissent. Lors de cette première **phase d'alerte**, un maximum d'énergie est mis à la disposition de l'organisme pour qu'il puisse réagir vite et bien à la situation. Une décharge d'adrénaline (hormone sécrétée par les glandes surrénales, situées au-dessus des reins), commandée par le cerveau, entraîne une accélération du rythme cardiaque et facilite la libération de sucre par le foie. Les muscles disposent alors de toutes les ressources nécessaires (oxygène et sucre) pour se mettre rapidement en action. Parallèlement, la mémoire, la réflexion et la vision sont améliorées.

• Si le stress se poursuit, l'organisme entre dans une **phase de résistance**. Il sollicite de nouvelles ressources énergétiques et tente de rétablir son équilibre. Pour cela, il sécrète des hormones comme le cortisol, qui stimule la libération de glucose dans le sang, ou l'endorphine, aux vertus apaisantes. À ce stade, le stress a une action bénéfique sur l'organisme d'un point de vue biologique.

• Pourtant, s'il se prolonge davantage, le stress provoque une **phase d'épuisement**. L'organisme n'a plus les ressources énergétiques suffisantes pour continuer à gérer la situation. Par ailleurs, ses défenses immunitaires faiblissent. On devient fatigué, irritable, voire déprimé.

Le stress, ami ou ennemi ?

• Lors des phases d'alerte et de résistance, le stress peut aider à avoir les bons réflexes face à une situation déstabilisante. Mais si la tension est trop importante, il devient nuisible. À cela, s'ajoutent le niveau de tolérance et l'expérience de chacun. Nous ne sommes pas égaux devant le stress : certains l'encaissent plus longtemps que d'autres.

• Le stress modifie le **comportement** et la **perception de l'environnement** et cela peut avoir des conséquences néfastes. Ainsi, le sentiment d'urgence, ressenti par exemple à l'approche d'un examen, constitue une **charge mentale importante** qui risque de prendre le pas sur tout le reste : la personne trop stressée néglige alors son sommeil, son alimentation, absorbe des excitants et des drogues (comme le tabac ou l'alcool) au mépris de sa santé et de sa sécurité.

En outre, les **capacités d'attention** et les **stratégies de prise d'information** sont **dégradées** : si le stress a pu servir d'impulsion initiale pour se mettre au travail, il peut nuire à l'assimilation des connaissances et perturber la sérénité des révisions !

Trois règles d'or pour apprendre à gérer son stress

1. S'organiser...

Pour éviter le stress en continu, **retour à la case « planning »** : une bonne organisation du travail vous permettra d'anticiper, d'éviter la précipitation, de mieux gérer les imprévus. Vous deviez réviser toute la journée et un événement vous en empêche ? Pas de panique ! Si vous avez pris soin de bien répartir vos révisions et de vous ménager des moments de pause, vous parviendrez sans peine à rééquilibrer votre planning et rattraperez le temps perdu. « Rien ne sert de courir, il faut partir à point »... que cette devise de la célèbre tortue de La Fontaine soit votre mot d'ordre !

2. Avoir une bonne hygiène de vie

• Au quotidien, il est important de **respecter son rythme veille/ sommeil habituel** en se couchant et se levant à des heures régulières : sept nuits consécutives écourtées de deux heures de repos équivalent à une nuit blanche..., et une dette de sommeil importante peut avoir les mêmes effets que l'alcool !

• L'alimentation joue aussi un rôle primordial : **mangez équilibré et dans le calme**, préférez les aliments qui apportent de l'énergie (crudités, fruits, légumes, poulet, grillades, œufs durs, féculents) aux sucreries et aux aliments riches en graisses... autant de facteurs qui favoriseront un état de tranquillité propice aux révisions et à la concentration.

• Autre atout et pas des moindres pour vaincre le mauvais stress : le **sport** ! La natation, par exemple, améliore les capacités physiques (respiration, force, etc.) et libère les tensions musculaires.

• Enfin, la veille de chaque épreuve, réunissez toutes les conditions pour ne pas stresser : prévoyez de vous lever suffisamment tôt pour partir « réveillé », assurez-vous bien que votre réveil sonnera, couchez-vous tôt...

3. Anticiper et être en forme le jour J

• La veille d'un examen, réunissez toutes les conditions pour ne pas stresser : préparez toutes vos affaires la veille pour être sûr de ne rien oublier. Et assurez-vous bien que votre réveil sonnera ! Couchez-vous tôt, mais levez-vous suffisamment tôt aussi pour avoir le temps de bien vous réveiller, de prendre un petit déjeuner qui vous plaît, pas trop lourd de préférence. Il est très important de bien boire parce que le stress fait transpirer et que la déshydratation est mauvaise pour la réflexion.

• Et une fois devant sa feuille ? Relâchez tout, respirez profondément et prenez le temps de lire l'énoncé. Commencez par traiter les questions que vous connaissez car cela rassure. Ensuite, vous reviendrez sur les plus difficiles. Et surtout, gardez 10 minutes à la fin pour tout relire.

Le saviez-vous ?

Le terme *stress* est initialement un mot anglais qui signifie « force », « contrainte » ou « effort ». Il est alors utilisé en physique pour désigner une contrainte excessive exercée sur un matériau, conduisant à sa déformation ou à sa rupture.

Manger équilibré

Bien manger est essentiel pour garder la forme et entretenir ses neurones ! Comme le manque de sommeil, une alimentation déséquilibrée diminue les performances physiques et intellectuelles.

É-qui-li-bre !

Les besoins énergétiques journaliers varient d'un individu à l'autre, selon son âge, son sexe, son mode vie (niveau d'activité physique). On estime cependant en moyenne qu'ils sont compris entre 2 000 et 2 500 kcal/ jour pour un adulte sédentaire.

La notion de kilocalorie permet d'évaluer la quantité d'énergie contenue dans les aliments que nous absorbons, énergie indispensable à l'**activité physique et intellectuelle**.

Pour satisfaire ces besoins de l'organisme et optimiser ses performances, il est essentiel que l'alimentation soit **variée, régulière et équilibrée**.

Qu'est-ce qu'une bonne hygiène alimentaire ?

• C'est d'abord une **alimentation régulière** : on recommande en général de prendre trois repas par jour (petit-déjeuner, déjeuner, dîner), ainsi qu'une légère collation en milieu d'après-midi (goûter). L'idéal est de manger toujours à peu près à la même heure et de ne pas sauter de repas. Trop souvent, le petit-déjeuner est négligé alors que c'est un repas essentiel qui doit fournir environ 25 % des apports journaliers. Il permet de bien travailler le matin et de « tenir » jusqu'au repas de midi.

• L'équilibre alimentaire passe aussi par la **variété** : il est important de manger de tout, en quantité raisonnable et en tenant compte de l'apport de chaque type d'aliment. Chacun de vos repas doit être composé d'aliments appartenant aux six catégories suivantes :

– produits laitiers, pour le calcium et les protéines ;
– viandes, poissons ou œufs, pour les protéines ;
– fruits et légumes, pour les vitamines ;

– pain, céréales, pommes de terre, légumes secs, etc., pour les sucres qui procurent de l'énergie ;
– matières grasses, pour les vitamines et l'énergie ;
– boissons, pour les sels minéraux et l'eau.

Les risques liés aux déséquilibres alimentaires

• D'après les experts réunis par la Direction générale de la santé et le Haut Comité de la santé publique, en 2000, l'alimentation des Français ne fournit pas assez de calcium (produits laitiers), de glucides et de fibres (pain, céréales, fruits et légumes) et est trop riche en lipides (viandes) et en sucres simples (boissons sucrées). Ce déséquilibre, associé à un manque d'activité physique, entraîne depuis plusieurs années une augmentation du pourcentage de personnes vicitimes de **surcharge pondérale**, voire d'**obésité**.

• L'obésité est un excès de masse grasse résultant d'un déséquilibre entre l'apport calorique quotidien et les dépenses énergétiques. Elle peut être évaluée par le calcul de l'**indice de masse corporelle (IMC)**, correspondant au rapport du poids (en kg) sur la taille au carré (en m) :

– IMC inférieur à 20 : sous-poids ;
– IMC compris entre 20 et 25 : poids normal ;
– IMC entre 25 et 29,5 : surpoids simple ;
– IMC entre 30 et 34,5 : obésité modérée ;
– IMC supérieur à 40 : obésité massive.

Les premières causes d'obésité sont généralement la sédentarité excessive, les mauvaises habitudes alimentaires et les prédispositions génétiques. L'obésité provoque, entre autres, une augmentation des risques cardio-vasculaires et du développement du diabète. Son traitement passe le plus souvent par une modification de l'alimentation et la pratique d'un sport.

Prendre soin de sa mémoire

Comment allez vous retenir tout ça ? C'est peut-être la question que vous vous posez, face à la quantité d'informations que vous devez enregistrer pour l'examen ! Votre meilleur allié en ces temps de révisions intensives : une mémoire bien entraînée. Quel est son fonctionnement ? Comment en prendre soin ? Que faut-il éviter ?

La mémoire, partenaire officiel des révisions !

• La mémoire est la capacité de notre cerveau à stocker ou restituer des informations. On distingue généralement trois catégories :

– la **mémoire sensorielle**, mémoire immédiate de ce que nous disent nos sens et qui conserve les informations quelques secondes à peine ;
– la **mémoire à court terme** ou « mémoire de travail », sollicitée durant quelques dizaines de secondes pour retenir des informations du type nouveau visage ou numéro de téléphone ;
– la **mémoire à long terme**, qui peut stocker des informations durant des mois, voire des années, mais qui diminue parfois avec l'âge ; cette mémoire est celle qui permet des apprentissages durables.

• La façon d'enregistrer les informations, notamment en période de révisions, peut varier d'un individu à l'autre : si certains ont une **mémoire visuelle**, qui « photographie » l'écrit, d'autres ont une **mémoire auditive** et retiennent mieux quand ils entendent. Pour les premiers, mieux vaut donc privilégier la lecture attentive, la prise de notes (qui aide souvent à la fixation des connaissances), le surlignage. Les seconds, quant à eux, peuvent privilégier l'oral, se « réciter » ou se faire lire leurs cours.

• Quel que soit votre profil, **mémoire et compréhension** ne vont pas l'un sans l'autre : pour bien retenir et pouvoir puiser sans peine dans votre mémoire les informations, il est essentiel d'avoir bien compris. Plus le message est clair, plus la mémoire l'enregistre facilement. C'est pourquoi les **fiches** réalisées à partir de vos cours peuvent vous être particulièrement utiles si elles sont bien faites :

synthétiques, elles doivent être le résultat d'un travail d'assimilation et de restitution des connaissances vous permettant de mieux retenir.

Drogues et mémoire

Les substances hallucinogènes, comme par exemple le cannabis et ses dérivés (haschich, marijuana, THC, etc.), le LSD, la mescaline, ou le PCP (phénylcyclidine), également appelé « poudre d'ange », entraînent des altérations du fonctionnement du cerveau, en particulier de l'humeur, de la perception et des processus cognitifs comme la mémoire ou l'apprentissage.

Pratiquer le sport et la relaxation

Évitez de réviser jour et nuit sans sortir ni vous détendre : vous arriveriez épuisé et bien trop stressé le jour J. Pour être en forme et rester serein, privilégiez plutôt des activités sportives : elles vous aideront à retrouver votre calme (si vous l'aviez perdu !) et seront bénéfiques pour votre corps, mais aussi pour votre moral, votre mémoire, vos capacités intellectuelles.

C'est bon pour le corps...

À la veille des épreuves, rien de tel qu'un peu de sport et de relaxation pour déstresser et arriver en pleine forme devant sa copie ! Pratiqué de manière raisonnée et adaptée aux capacités physiques de chacun, le sport aide à garder le corps en bonne santé :

- il augmente **la force et le tonus musculaires**, qui contribuent à lutter contre les maux de hanches, de genoux ou de dos ;
- il favorise (voire améliore) l'amplitude et la souplesse des **articulations** ;
- il facilite la fixation du calcium, et est de ce fait bénéfique pour le **squelette** ;
- il aide à préserver l'**appareil cardio-vasculaire** (sous l'effet du sport, le cœur, qui est un muscle, se renforce et joue d'autant mieux son rôle de pompe ; par ailleurs, l'activité physique permet de réduire l'hypertension artérielle).

... mais aussi pour le moral !

Les effets psychologiques du sport sont également très importants, et c'est justement ce qui peut vous permettre d'arriver détendu le jour des épreuves, d'éviter de paniquer et de vous sentir frais et dispos. En effet, le sport libère des **endorphines** (neurotransmetteurs) qui :

- provoquent une sensation de **plaisir** ;
- **atténuent le stress**, l'anxiété, la douleur ;
- favorisent le **sommeil**.

Permettant une bonne oxygénation du cerveau, le sport peut contribuer à augmenter l'**efficience intellectuelle**, ce qui devrait vous être utile très prochainement !

Quelques conseils de relaxation

Pour pratiquer la relaxation, choisissez un endroit calme et privilégiez des vêtements confortables.

1. La **respiration abdominale** : inspirez lentement en faisant en sorte de gonfler le ventre, puis expirez lentement. Répétez ce mouvement plusieurs fois jusqu'à ce que vous soyez parfaitement détendu.

2. La **lutte contre les tensions musculaires** : par la pensée, concentrez-vous successivement sur chacun de vos muscles, des pieds à la tête, et décontractez-les.

3. Chassez les pensées négatives en focalisant votre esprit sur des **moments agréables**, des choses positives. Vous pouvez par exemple **visualiser** une couleur que vous aimez, penser à un paysage qui vous rappelle de bons souvenirs.

Le saviez-vous ?

Il existe également des techniques de **gymnastique des yeux**, permettant d'assouplir et de tonifier les muscles oculaires. Par des mouvements simples des yeux, il est ainsi possible d'améliorer sa vue, d'élargir son champ de vision, mais aussi de combattre le stress et la fatigue.

Quel type de mémoire avez-vous?

Question 1

Quand vous croisez quelqu'un dans la rue, ce qui vous marque, c'est d'abord :

a) son allure générale, sa silhouette.

b) son parfum.

c) le bruit de ses pas.

d) le tissu de ses vêtements que vous avez failli frôler.

Question 2

Pour vous, la mer évoque :

a) une étendue d'eau qui s'étale jusqu'à l'horizon.

b) l'écume salée qui imprègne l'air.

c) le bruit des vagues et du ressac.

d) le vent qui vous fouette le visage sur la plage.

Question 3

Pensez à un bon gâteau au chocolat. Comment vous le représentez-vous?

a) Il est doré, parfaitement cuit.

b) Il embaume toute la maison.

c) Sa couche extérieure craquelle sous la dent.

d) Préparé au beurré salé, il est moelleux à souhait.

Question 4

Quand vous vous glissez dans votre lit, vous aimez que les draps :

a) soient bien bordés.

b) sentent encore la lessive.

c) se froissent légèrement sous votre poids.

d) soient doux au contact de votre peau.

Question 5

Quelles fleurs aimez-vous offrir pour la fête des mères?

a) un bouquet de tulipes rouges et jaunes

b) des lys au parfum prononcé

c) des fleurs coupées agrémentées de nombreux feuillages

d) des roses aux pétales d'une rare finesse

Question 6

Vous avez eu une violente dispute avec vos parents. Comment réagissez-vous pour vous calmer?

a) Vous vous plongez dans les photos de vos dernières vacances entre copains.

b) Vous sortez prendre l'air.

c) Vous vous enfermez dans votre chambre et mettez la musique à fond.

d) Vous vous blottissez dans votre couette.

Question 7

Le matin, vous êtes particulièrement de bonne humeur lorsque :

a) vous arrivez à la cuisine et voyez la table du petit déjeuner dressée.

b) vous vous réveillez en sentant l'odeur d'un bon café ou d'un chocolat chaud.

c) vous entendez le va-et-vient de vos parents dans la pièce à côté.

d) vous prenez le temps de vous détendre, allongé sur votre lit.

Question 8

Une promenade en forêt à l'automne, ça vous évoque :

a) des arbres aux tons ocre.

b) les sous-bois et les champignons.

c) le chant des oiseaux.

d) les feuilles mortes tombées par terre sur lesquelles vous marchez.

Question 9

Qu'est-ce qui représente le mieux la ville pour vous?

a) le béton gris et les hauts immeubles

b) la pollution due aux gaz des pots d'échappement

c) l'agitation permanente et les klaxons des voitures

d) les trottoirs bondés où il faut se faufiler pour passer

Question 10

Vous avez déjà dû vous cacher dans un grenier ou le recoin d'une maison pour jouer quand vous étiez petit. Quel souvenir en gardez-vous ?

a) Vous aviez peur à cause du noir.

b) Cela sentait le renfermé.

c) Vous entendiez les cris des autres de manière lointaine, comme assourdis.

d) Vous vous étiez calfeutré en vous collant au mur.

Résultats

Vous avez une majorité de a)

Pas de doute, vous avez une mémoire visuelle. Vous avez un regard de lynx, aucun détail ne vous échappe. Cependant, ne vous fiez pas toujours aux apparences, vous savez qu'elles sont parfois trompeuses…

Vous avez une majorité de b)

Vous êtes sensible aux odeurs qui réveillent en vous des souvenirs enfouis. Mais si elle est très sensible, la mémoire olfactive est aussi parfois inconstante.

Vous avez une majorité de c)

Votre mémoire est en grande partie auditive. Un bruit, un son peut résonner longtemps dans votre tête. Attention tout de même à ne pas entendre des voix !

Vous avez une majorité de d)

Vous aimez avoir un contact physique avec des personnes et manipuler des objets dans vos mains. Comme si le fait de les toucher vous les rendait plus concrets ?

Achevé d'imprimer en France, en août 2009.
Dépôt légal : septembre 2009.